JN109122

予備校講師の

野生生物を巡る旅 II

汐津美文 著

海游舎

はじめに

『予備校講師の野生生物を巡る旅』を上梓してから4年が過ぎました。友人たちには「もう行きたいところは行き尽くしたのでは」と言われたこともありますが，それは全く逆でした。まだ会ったこともない野生生物に会いたいという気持ちはますます高まり，訪れたいと思う地域は増える一方でした。定年を迎えて仕事の量が少なくなったのをいいことに，年1回ほどの旅が2回，3回と増えていきました。

前著では，マダガスカルから始まって，東アフリカ，インド，ボルネオとインド洋の周囲を時計回りに旅しながら，そこに棲む野生生物を紹介しました。今回の旅で訪れるのは，ウォーレシア，オーストラリア，ガラパゴス諸島，コスタリカ，北アメリカ。つまり太平洋の周囲をちょうど反時計回りに旅します。私自身が撮った写真を使って，旅で出会った珍しい生きものや動物の興味深い行動を紹介したいと思います。

ウォーレシアとは，インドネシアの東部に位置し，ボルネオ島とニューギニア島の間にある島々を指します。その中心にあるスラウェシ島には奇妙な牙をもつイノシシ，バビルサが棲み，コモド島には世界最大のコモドオオトカゲが棲んでいます。これらの島へは日本からの直行便がなく訪れるのは大変でしたが，その出会いに感動しました。ウォーレシアの名の由来となったウォーレスの記念碑が，スラウェシ島のタンココ自然保護区に建立されているのを見つけたことも，旅の思い出になりました。

オーストラリアは一口で言ってしまえば「有袋類の大陸」です。

大陸の内部には広大な砂漠や草原が広がっていますが，北部の熱帯ユーカリ林では無数のアリ塚が奇妙な景観をつくり出しています。東部の海岸地域は太古からの熱帯雨林に覆われ，タスマニア島には冷温帯雨林が形成されています。オーストラリアの旅では，それぞれの生態系に適応した多くの有袋類を見ることができました。卵を産む哺乳類であるカモノハシとハリモグラに出会えたのも大きな収穫でした。

ガラパゴス諸島はダーウインが進化論の着想を得た島であることは，誰もが知っています。荒涼とした溶岩台地，サボテンの林，緑が茂る高地，紺碧の海。動物たちは全く人を恐れないため，ごく間近で見ることができます。観光客は1週間ほどのツアーに参加してクルーズ船で島々を巡り，ガイドの管理のもとで出会った生物の説明を受けます。生態系への影響に配慮しながら，観光収入によって持続的に自然を維持しようとする先進的なエコツーリズムの考え方がそこにあります。ガラパゴス諸島では，他の場所では見られない自然と個性あふれる動物たちが出迎えてくれました。

コスタリカはエコツーリズム発祥の国として有名です。国立公園と自然保護区の総面積が国土の4分の1を占め，私設の保護区も数多くあります。カリブ海と太平洋の両海岸の熱帯雨林や中央山岳地帯の雲霧林では，「火の鳥」のモデルと言われるケツァールをはじめ色鮮やかな鳥たちに出会うことができました。森の中で目的の動物を見つけるのは大変難しいのですが，野生動物の生態を知り尽くしたガイドは簡単に見つけ出してくれました。赤い小さなカエル，白いぬいぐるみのようなコウモリなど，ずっと会いたいと思っていた動物に出会えた旅は，忘れられないものになりました。

イエローストーン国立公園を訪れた目的は二つありました。北アメリカの大草原のシンボル的存在であるアメリカバイソンの大集団を見ることと，生態系の頂点に立つハイイロオオカミの群れに会うことです。公園を訪れた夏はちょうどバイソンの繁殖期にあたり，雌雄が合流して大集団が形成されていました。しかし，残念ながら二つ目の目的は達せられませんでした。オオカミに会うためには，積もった雪の上に足跡が残る冬のほうがいいようです。機会があれば季節を変えて，また訪れたいと思っています。

相変わらずスキューバーダイビングを続けています。フィリピンのブスアンガ島では絶滅が危惧されているジュゴン，インドネシアのレンベ海峡ではココナッツの殻で身を守るメジロダコや口内で仔魚を育てるテンジクダイなどに会いました。サンゴ礁の魚には親と子で形態が全く違うものが数多くいます。子から親へどのように変化していくのか，変化していく様子を調べ始め，ダイビングの楽しみがもう一つ増えました。

野生動物に会いに行く旅は大変楽しいものです。旅から帰って出会った動物について詳しく調べる作業もまた楽しいものですが，いつも気がかりなことがあります。それは，それぞれの動物が置かれている厳しい状況です。今回の旅で取り上げた動物については，出来る限りIUCN（国際自然保護連合）による「レッドリスト」の内容を記しました。しかし，このリストだけで一喜一憂することなく，私たちに何ができるかを考えることが大切だと思います。愛すべき動物たちが絶滅してしまうことほど寂しいことはありません。終章では，私たちヒトと野生動物の関係を，ヒトに最も近い類人猿であるチンパンジーとゴリラが置かれている状況と照らし合わせて考えてみたいと思います。

目　次

第1章

ウォーレシア

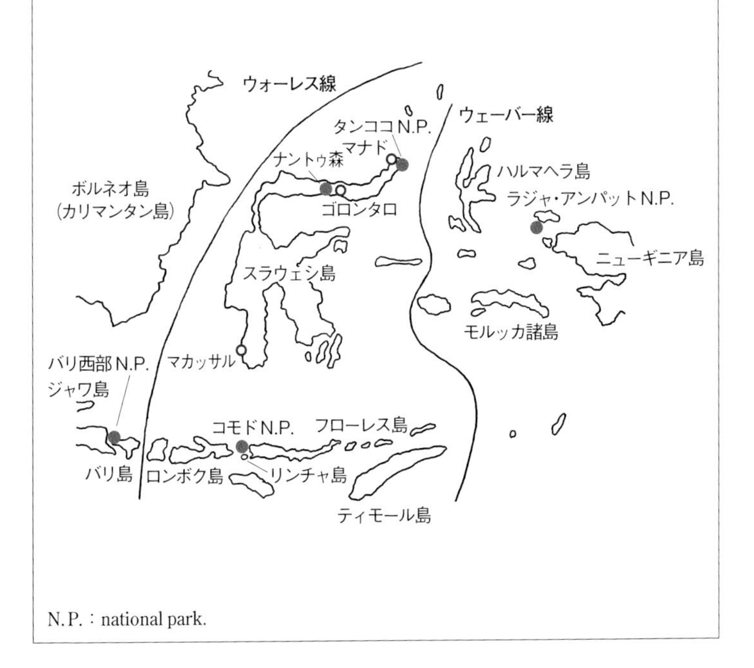

ウォーレス線
ウェーバー線
タンココN.P.
マナド
ナントゥ森
ボルネオ島
(カリマンタン島)
ゴロンタロ
ハルマヘラ島
ラジャ・アンパットN.P.
ニューギニア島
スラウェシ島
モルッカ諸島
バリ西部N.P.
マカッサル
ジャワ島
コモドN.P.
フローレス島
バリ島
ロンボク島
リンチャ島
ティモール島
N. P. : national park.

1　クロザル ― 自撮りしたサル

スラウェシ島の北端に位置するタンココ自然保護区には，特異な風貌をしたマカク（ニホンザルの仲間）が棲んでいます。固有種のクロザルです。その名のとおり全身黒色。数頭の雄を中心に 50

写真 001　クロザルの群れ。ピンクの尻だこが目立つ

～100 頭の群れをつくり，果実や植物の芽，若葉，昆虫類などを採食しながら移動するという生活をしています。保護区内の群れは人に大変よく慣れており，すぐ近くで観察することができました。

全身黒色のクロザルですが，体の中で一か所だけ色が異なっているのが尻だこです。尻だこは尻の両側の皮膚が厚く角質化したもので，地面や木の枝などに腰を下ろすとき体を安定させるのに

役立ちます。マカク属のサルは尻だこをもつのが特徴ですが，クロザルはピンク色でハート形をしており，大変に目立ちます（**写真001**）。体はニホンザルよりもやや小さいのですが，眉上隆起が顕著で，頭にはモヒカン刈りのようにふさふさした毛が生えており，ヒヒと見間違えそうです。しかし，赤ん坊は親とは違って顔が白く，ニホンザルの赤ん坊によく似ています（**写真002**）。

一見すると強面（こわもて）の風貌をもつクロザルですが，性格は大変温和です。歯を見せ笑顔にも似た表情をしてコミュニケーションをとることが知られており，これは相手に敵意がないことを示す行動

写真002　雌と赤ん坊

と考えられています。10年ほど前，カメラマンのカメラを使って「自撮りした」クロザルが世界中で話題になりました。動物が撮った写真の著作権が誰にあるのかという議論を巻き起こしましたが，笑っているようにも見える表情にも人気がでました。**写真003**は，この「笑い顔」です。グルーミングを受けているときに，やっとこの表情を見せてくれました。

クロザルの個体数はわずか4000～6000頭。しかし，スラウェシ島ではサルを食べる習慣があり，タンパク源として重宝されているという報道もあります。また，人々の居住地や農地の拡大によっ

写真003　「笑う」クロザル

て，生息地が縮小していることも見逃せません。このため，クロザルはIUCN 絶滅危惧種レッドリスト（以下，レッドリスト*）ではCR（深刻な危機）に分類されています。

本州よりやや小さいスラウェシ島には，スラウェシマカクと総称されるクロザルの仲間が7種も生息しています。しかも，クロザルによく似たものからニホンザルによく似たものまで，さまざまな形態のものが見られます。日本列島に生息するのはニホンザルただ1種ですので，一つの島にこれほど多くの近縁種が生息するのは非常に珍しいことなのです。この点に注目した日本の研究者が1980年代から研究を開始しました。

スラウェシマカク7種についてヘモグロビン β 鎖のアミノ酸配列を調べた京都大学の竹中修さんは，これらの共通祖先が島に進入した後に7種が同時に分化したのではなく，何度かにわたって祖先が島に進入し，先住者を押しのけてモザイク状の分布をしていったことを明らかにしました。7種の分布は境界を接しており，境界付近では交雑が行われているのですが，交雑個体が存在するのは極めて狭い範囲であることもわかってきました。最近の研究では，交雑の拡大を防ぎ，種が維持されている仕組みが調べられています。

---

* **レッドリスト：** IUCN（国際自然保護連合）が作成した絶滅のおそれのある野生生物のリスト（2020-1）。絶滅の危険性によるカテゴリー分けがされている。EX（絶滅），EW（野生絶滅），CR（深刻な危機），EN（危機），VU（危急），NT（準絶滅危惧），LC（低懸念）であり，この順に状況が厳しい。

2 スラウェシメガネザル
– 夜行性と眼の関係

体はサル，眼はフクロウ，尾はネズミ，そして肢はカエル。メガネザルはいろいろな動物を寄せ集めた姿から，マレー語で「お化け猿」と呼ばれているそうです。頭胴長 12 cm，体重わずか 100 g。小さな体とその容姿からは，スターウォーズに登場するジュダイ・マスター「ヨーダ」というほうがピッタリではないでしょうか（**写真 004**）。

レッドリストで VU（危急）に分類されているスラウェシメガネザル（以下，メガネザル）に会うためには，日没前にタンココ自然保護区に入り，ガイドさんの後について歩きます。広い保護区の

写真 004　巨大な眼は光らない

写真005　大木の洞から出てきたスラウェシメガネザル

中で夜行性の小さなサルをどうやって見つけるのか不思議に思っていると，突然大木の前で立ち止まり，しばらく待てと言われました。大木の幹に大きな洞があり，辺りが薄暗くなってくると，1頭，また1頭と姿を現しました。どうやらメガネザルはここを棲みかとして，家族で暮らしているようです（**写真005**）。

メガネザルの餌はコオロギやバッタなどの夜行性の昆虫です。枝から枝へ跳び移って昆虫を捕らえますが，その跳躍距離は体長の25倍にもなります。体よりも長い尾と体の半分もある後肢をもち，指の先端には吸盤のような膨らみがあります。大きな耳は昆虫が発するわずかな音を捉えることができます。しかし，メガネザルの最大の特徴はその名が示すとおり巨大な眼です。眼球一つが3gもあり，脳とほぼ同じ重さです。なぜこのような巨大な眼球をもつようになったのでしょうか。

夜行性哺乳類の眼で網膜の外側にある光を反射する組織をタペータムと言います。弱い光でもはっきりとものが見えるように，眼に入った光は網膜の視細胞に受け取られたあと，タペータムに

写真 006 イタチキツネザル。眼が光る

よって反射されもう一度視細胞を刺激する，つまり光が増幅されるのです。ネコの眼に光を当てるとキラッと光るのはタペータムが光を反射しているからです。**写真 006** は夜行性のイタチキツネザルですが，ネコと同じように眼が光っています。

霊長類（サル目（もく））は，ニホンザルなどの多くのサルやゴリラなどの類人猿が属する真猿類と，キツネザルやロリスなどが属する原猿類に大別されていました。メガネザルはそのどちらに属するのかが議論されていましたが，最近，原猿類よりも真猿類に近いことが明らかになりました。つまり，真猿類とメガネザルの共通祖先が原猿類と分岐した後で，メガネザルは真猿類と分かれたのです。現在ではキツネザルやロリスなどを曲鼻猿（きょくびえん）亜目，メガネザルと真猿類のサルをまとめて直鼻猿（ちょくびえん）亜目と呼んでいます。

曲鼻猿亜目のサルは夜行性でずっとタペータムを保持していました。一方，直鼻猿亜目のサルは昼行性となりタペータムを失いました。メガネザルも一度昼行性となりタペータムを失いましたが，その後再び夜行性に戻ったとき，タペータムを再生させることができませんでした。そのために，眼を巨大化して少ない光を取り込むようになったと考えられています。

3 クロクスクス – 東からの進入者

高さ30 m もある大木の最上部の葉の陰で何かが動いています。クロクスクスです（**写真007**）。レッドリストではVU（危急）に分類されています。体色はこげ茶色，がっしりとした体形をしています。頭胴長は50 cm程度。尾の長さも同じくらいで，その先端には体毛がありません。丸顔で，小さな金色の眼をしています。四肢は太く，指の先端には鋭い爪が生えています。しばらくすると，好物の若葉を食べ始めました（**写真008**）。

さて，ここで三択の問題です。クスクスは，① コアラ，② クマ，③ ムササビのうち，どの動物に近縁でしょうか。姿形を見るかぎりクマによく似ており，英語名はベアクスクスと言います。しかし尾の形状は全く違っており，② のクマではありません。また，クスクスは生活の大部分を樹上で送りますが，③ のムササビ

写真007　クロクスクス

写真 008　若葉を食べる

のように樹から樹へと滑空することはできません。じつは，クスクスはクマやムササビのような有胎盤類（真獣類）ではないのです。したがって，① のコアラが正解です。スラウェシ島には有胎盤類だけでなく，オーストラリア大陸やニューギニア島で見られるような有袋類も生息しているのです。

インドネシアの地図を広げてみると，スラウェシ島の西にはボルネオ島が，東にはニューギニア島があります。どちらも非常に大きな島で，その湿潤な気候によって広大な熱帯雨林が成立しています。しかし，ボルネオ島には有胎盤類だけが生息し，ニューギニア島には有袋類だけが見られるのです。**写真 009** は，ニューギニア島の西側のラジャ・アンパット諸島で撮ったブチクスクスです。クロクスクスと同様，尾の先端に体毛がありません。ニューギニア島には 20 種類を超えるクスクスの仲間が棲んでいます。

スラウェシ島が位置するボルネオ島とニューギニア島の間の地域は「ウォーレシア」と呼ばれ，アジアを起源とする動物相（東洋区）とオーストラリア・ニューギニアを起源とする動物相（オーストラリア区）が混じり合う場所なのです。有袋類はウォーレシアから西へは進出できませんでした。ボルネオ島とスラウェシ島の間の

写真 009　ブチクスクス

海峡やバリ島とロンボク島の間の海峡は水深が深く，氷河期に海水面が下がっても，これらの島がつながったことはなかったからです。これらの島の間の動物相の違いを発見したウォーレスにちなんで，この境界線は「ウォーレス線」と名付けられました（コラム①参照）。また，有胎盤類はウォーレシアから東に進出できず，後にニューギニア島の西にあるモルッカ諸島とスラウェシ島の間にも分布の境界線である「ウェーバー線」が引かれました。

さて，スラウェシ島の動物相に話を戻しましょう。動物の種数は島の面積の割に少なく，その一方で他の島に比べて固有種が非常に多いのです。その割合は，哺乳類 57%（220 種のうち 125 種），鳥類 40%（650 種のうち 262 種），爬虫類 45%（220 種のうち 99 種），両生類 69%（48 種のうち 33 種）と報告されています（JICA Interim Report, 2007）。スラウェシ島の固有種の多さは，島に到達できた少ない祖先から独自の種が進化した結果と考えられています。

4 バビルサの棲む森へ

ウォーレシアに生息する固有種のなかでも，珍獣中の珍獣と言えるのがバビルサではないでしょうか。現地の言葉で，バビは豚，ルサは鹿を指し，鹿のような角をもつ豚を意味します。正しくは角ではなく牙なのですが，この 4 本の牙が異様な風貌をつくり出しています。スラウェシ島とその周辺の小島に数千頭が生息していると言われていますが，正確な数はわかっていません。レッドリストでは VU（危急）に分類されています。

バビルサに会いに行く旅は州都ゴロンタロから始まります。スラウェシ島の北の玄関都市，国際空港のあるマナドからゴロンタロへは国内線で 40 分でした。飛行機の窓からは，ずっと続く海岸線が見え，内陸には手つかずの熱帯雨林が途切れることなく広がっていました。空港にガイド兼ドライバーさんが迎えに来てお

写真 010　バビルサの棲む原生林

り，明日に備えてホテルに早めにチェックインしました。

朝5時半，食事をすませて出発。車はトウモロコシ畑とヤシの林が両側に広がる舗装道路を西に向かって進みます。しだいに空が明るくなり，天気は快晴。乾季の気持ち良い風が車の窓から入ってきました。3時間半で目的地に到着。ここで長靴に履き替え，いよいよバビルサが棲むナントゥの森に向かいます。人々の居住区と野生動物の棲む原生林の境界がナントゥ川です（**写真010**）。川の向こう側には，密猟や違法伐採を監視するレンジャーステーション以外に人間の領域はありません。川を渡るのに長靴が役立ちました。レンジャーステーションで入林の許可証をもらい，20分ほど森の中を歩くと観察小屋に着きました。小屋は小枝を組みヤシの葉で覆っただけの簡単な作りで，2，3人がやっと入れる広さです。塩場（しおば）に向かって小さな隙間が開けてあり，そこから動物を観察するのです。

塩場とは，湧水や土壌中に多量のミネラル類を含んだ場所のこ

写真011　群れ

とです。特にナトリウムは体液の浸透圧調節や神経の興奮伝導に欠くことのできないものですが，植物にはほとんど含まれていません。そのため植物食性の動物は食物以外から積極的にナトリウムを摂取する必要があります。また，植物に含まれるアルカロイド類は動物にとって毒になることがあり，それを吸着して体外に排出するためにミネラルが必要になります。バビルサは栄養価の高いパンギノキの種子を好んで食べますが，アルカロイド（青酸化合物）が含まれており，塩場に来て泥をなめるのはそのためと言われています。したがって，バビルサは朝の食事が終わった頃に塩場に出てくることが多いとガイドさんに教えられました。

しばらく観察小屋で待っていると群れが出てきました（**写真011**）。バビルサは灰色の体色で体毛が少ないと言われていますが，この群れの個体は毛が生えており褐色に近い体色をしていました。塩場に出て来て泥をなめる個体も少しずつ増えてきました。しかし，バビルサ特有の牙をもつ個体がいません。牙がないのは若い個体か雌なのです（**写真012**）。我慢して観察を続けていると，ようやく雄が現れました。

写真012　塩場の泥をなめる

写真 013　巨大な牙をもつ雄

バビルサの体長は0.9～1.1 m，体重は最大で100 kgになります。日本のイノシシより少し小ぶりですが，それでも堂々とした体格です。雄には4本の牙があります（**写真 013**）。口の横から上向きに出ているのは下顎の犬歯。これはイノシシにもあるものです。異様なのは上顎の犬歯で，通常下に伸びるものが上に向かって伸び続け，眼と鼻の間で皮膚を突き抜け，さらに後方に湾曲して眼の位置まで達します。

この異様な牙は何のためにあるのでしょうか。雄たちは雌を巡って激しく争いますが，このとき使われるのは下顎の牙だけで，上顎の牙が闘いの道具として使われることはありません。しかし，下顎の牙を使って相手の上顎の牙を折ろうとする行動が見られるそうです。また，雌は上顎の牙が折れている雄よりも立派な牙をもつ雄のほうを選ぶという報告もあります。バビルサの上顎の巨大な牙は，雌による性選択であると考えられています。

5 コモドオオトカゲ
― 単為生殖する世界最大のトカゲ

コモドオオトカゲはコモドドラゴンとも呼ばれ，世界最大のトカゲとしてあまりにも有名です。成体の平均的な体長は 3 m，体重は 70 kg。最大個体の体重は 160 kg もありました（**写真 014**）。インドネシアの乾燥気候の島々であるコモド島，リンチャ島（**写真 015**），フローレンス島などに約 3000〜5000 頭が生息しており，

写真 014　海岸で餌を探す

写真 015　リンチャ島の観察施設

レッドリストではVU（危急）に分類されています。島の食物連鎖の頂点に位置し，イノシシやシカなどの大型哺乳類だけでなく，鳥類やトカゲ，カメなど何でも捕食し，また動物の死骸も餌にしています。

写真 014 は餌を求めて海岸に出てきたところです。嗅覚が発達しており，4 km 先の動物の死骸の臭いがわかると言われています。二股に分かれた長い舌を出し入れするのは，空気中の臭いの分子を舌に吸着させ，口の中にある「ヤコブソン器官」という嗅覚受容器に運ぶためです。鋭いかぎ爪をもち，これで獲物を引き倒します。最近の研究では，コモドオオトカゲは獲物の血液凝固を阻害し，筋肉を硬直化させ，失血によるショック状態を引き起こす毒をもっていることが明らかになりました。のこぎり状の歯で咬みつくと，歯の間にある毒管から毒が獲物の傷口に流入します。咬まれた獲物はその場から逃げることができたとしても，毒

によってやがて絶命し，コモドオオトカゲは発達した嗅覚により獲物の死骸を発見するのです。

写真 016 は交尾中の雌雄です。体色がやや黒色で上になっているほうが雄，下のやや小型の個体が雌です。ところが，2006 年，科学雑誌ネイチャーに「コモドオオトカゲが単為生殖を行っている」という論文が発表されました。イギリスの動物園で飼育されている 2 頭の雌が，雄との接触のないままに卵を産み，遺伝子解析の結果，単為生殖をしていることが明らかになったのです。

コモドオオトカゲの雌雄は性染色体により決定されます。両性生殖（卵と精子の受精により次世代をつくる生殖法）が行われた場合について，性染色体による性決定の仕組みを簡単に説明しておきましょう。コモドオオトカゲの性決定様式は ZW 型です。性染

写真 016　交尾（上が雄，下が雌）

色体は雄がZZ，雌がZWですので，雄はZをもつ精子のみをつくり，雌はWをもつ卵とZをもつ卵の2種類をつくります。精子がZをもつ卵と受精するとZZになるので雄が生まれ，精子がWをもつ卵と受精するとZWになるので雌が生まれます。

さて，単為生殖は次のようにして行われているようです。雌の体内で，正常に卵がつくられるときには，まず生殖細胞中の染色体はそれぞれ2倍になり（ここではZZWWと表します），それが減数分裂と呼ばれる2回の連続した分裂を行ってZをもつ卵が2個とWをもつ卵が2個できます。もう少し詳しく説明すると，まず1回目の分裂では，ZZをもつ細胞とWWをもつ細胞が1個ずつできます（ここでZWをもつ細胞が2個できることはありません）。次に，2回目の分裂が行われ，Zをもつ細胞とWをもつ細胞が2個ずつできるのですが，何らかの理由で2回目の分裂が行われなかった場合には，ZZをもつ細胞が1個とWWをもつ細胞が1個できます。このうちWWをもつ卵は死んでしまいますが，ZZをもつ卵は生き残り，これがそのまま発生してZZをもつ個体，すなわち雄になるのです。ここでは性染色体のみに注目してきましたが，その他の染色体（常染色体）も全く同じものを2本ずつもっていたため，単為生殖が行われたと結論づけられました。

では，なぜ単為生殖という生殖法が獲得されたのでしょうか。雄が近くにいる場合は，交尾によって両性生殖を行います。しかし，雄がいない場合，例えば雌だけが新しい島にたどり着いた場合に，雌だけで次世代を残す方法をあみ出したとは考えられないでしょうか。雌は単為生殖を行って雄だけをつくります。生まれた雄が性成熟したとき（コモドオオトカゲの性成熟に要する期間は5〜7年だそうです），両性生殖を行って子孫を殖やすと考えれば……。生物の生き残り戦術は，本当に不思議なことだらけです。

6 カンムリシロムク
― 野生復帰を目指して

ウォーレス線の西側に位置するバリ島は，ウォーレシアではなく東洋区に属します。多くの観光客で賑わうバリ島ですが，島の北西部には広大な雨緑樹林が広がっており，大部分はバリ西部国立公園になっています。ここがカンムリシロムクと呼ばれるバリ島固有の鳥の故郷です。

純白の体色，風切り羽と尾羽の先端は黒色，眼の周りの皮膚は鮮やかな青色と，この鳥の美しさは目を見張るばかりです（**写真017**）。全長 25 cm，体重 70～115 g とムクドリよりやや大きく，雑食性で，植物の種子，果実，昆虫の幼虫などを餌にしています。しかし，その美しい姿が仇（あだ）となって密猟や違法な商取引が後を絶

写真017 カンムリシロムク

たず，個体数が激減してしまいました。現在，レッドリストでCR（深刻な危機）に分類されています。

カンムリシロムクは，1970年にはワシントン条約*の付属書Iに掲載され，インドネシアの法律でも保護されていました。1970年代の推定個体数は200羽程度。闇市場での価格の上昇とともに密猟が後を絶たず，1990年代には野生の個体はわずか15羽になっていました。現在でも絶滅の危機が続いていますが，個体数の回復に向けて世界各国からのさまざまな支援が行われています。

横浜市の動物園ズーラシアとJICAは，インドネシア政府と2004年から「草の根技術協力事業」を立ち上げ，飼育や繁殖に関する技術指導や，全個体を対象とした血統管理などを行っています。日本で繁殖させた100羽のカンムリシロムクが横浜市から国立公園に贈呈され，バリ島における飼育下での繁殖は順調に進みました。この公園内に設立された繁殖センターでは，巨大なケー

写真018　巨大な飼育ケージ

*　**ワシントン条約：**　野生生物の国際取引が乱獲を招き，種の存続が脅かされることがないように，取引の規制をはかる条約。輸出国と輸入国が協力し，絶滅が危ぶまれる野生生物の国際的な取引を規制する（国内の移動に関しては，制限を設けていない）。約30000種を対象としており，希少性に応じてI，II，IIIの3ランクに分類している。

写真 019　雌（左）と雄（右）

ジの中に多数の個体が放たれており（**写真 018**），別の小さなケージでは雌雄が繁殖のためにペアで飼育されています。**写真 019** のように，雄は頭部に長い冠羽をもつので雌と容易に区別できます。繁殖センターでは現在，約 360 羽が飼育されており，これらを野生環境に戻す事業も進められています。しかし，公園内には多くの捕食者が生息しており，カンムリシロムクの純白の羽毛が非常に目立つため，放たれた個体が生き延びることは難しいようです。

生息地の破壊や乱獲によって集団中の個体数が少なくなると，性比の偏りや近親交配によって出生率が低下し，集団の遺伝的多様性が低下します。その結果，劣性遺伝子がホモ接合となり，環境変化や病気に対応できない個体が生まれてくる可能性が高くなります。このような現象を近交弱勢と言い，これが繰り返されて絶滅に向かうことを「絶滅の渦」と言います。いったん個体数が減少して遺伝子の多様性が低下した集団を，もとの状態に戻すのは非常に難しいのです。このような厳しい状況のなかで，多数のカンムリシロムクが再びバリ島の空を飛びかう日が来ることを目指して，野生復帰の活動が続けられています。

コラム ① タンココ自然保護区のウォーレス像

ランの花の形をしたスラウェシ島は，赤道直下に位置する本州よりやや小さい島である。四つの半島が脊梁山脈を伴って放射状に延び，東に長く延びる半島の先端にタンココ自然保護区がある。そこは，クロザルやスラウェシメガネザル，クロクスクスなど，島を代表する固有種の宝庫なのだ。

保護区のゲートの前にウォーレスの像が立っている（2019 年 2 月建立）。ウォーレスはダーウィンとは独立に自然選択による生物進化の仕組みを発見し，ダーウィンに自然選択説の公表を促した。それは「サラワクの法則」と呼ばれ，1854 年から 8 年間にも及ぶ，当時はマレー諸島と呼ばれていたマレーシアとインドネシアの島々の探検中に着想されたものである。ウォーレスは，旅の途中この地を訪れてバビルサやマレオ（セレベスツカツクリ）を採集したことが，記念碑の台座に刻まれている。

ウォーレスはまた，バリ島とロンボク島の間の海峡，ボルネオ島とスラウェシ島の間の海峡を隔てて動物相が大きく異なることを発見した。後にウォーレス線と名付けられたこの境界の西側は東洋区に属し，東側は「ウォーレシア」と呼ばれるオーストラリア区への移行地帯である。

地元の人々や旅行者で賑わうマナドの町から車でわずか 2 時間のタンココ自然保護区。しかし訪れる人は少ない。ウォーレスの像の前にたたずんでいると，波の音と蝉しぐれが聞こえるばかりである。

木々に囲まれて立つウォーレスの像

第2章

オーストラリア

N. P.：national park,　M. N. R.：marine nature reserve.

7　有袋類の華麗なる適応放散

オーストラリア大陸とニューギニア島には5目(もく)18科230種*もの有袋類が生息しています。オーストラリア大陸は，まさに「有袋類の大陸」なのです。

有袋類は文字どおり「袋をもつ」哺乳類で，育児嚢(のう)によって子を育てます。有胎盤類がもつ漿尿膜(しょうにょうまく)胎盤に比べて，有袋類がもつ卵黄嚢胎盤は母体から栄養を取り込む機能が低いので，子宮内で胎児を十分に成長させることができません。未熟な状態で生まれた子は前肢を使って育児嚢まで這い上り，その中の乳頭をくわえて吸乳します。子はかなり長期間育児嚢の中で成長し，育児嚢から出た後もしばらく授乳を受けます。

有袋類の祖先は1億2500万年前の白亜紀に北アメリカ大陸で出現したと考えられています。新生代に入ってすぐ南アメリカに進出し，6000万年前には南アメリカから当時陸続きだった南極大陸を経由して，オーストラリアに進入しました。その後，南アメリカ大陸は北アメリカ大陸と陸橋で結ばれたため，北アメリカから進入した有胎盤類との競争によって多くの有袋類が絶滅しました。現在，南アメリカには小型の有袋類であるオポッサムの仲間が70種ほど生息しています。一方，オーストラリア大陸（とニューギニア島）はユーラシア大陸から遠く離れていたため，有胎

---

*　**分類体系：**　生物を分類する基本的な単位として「種」が用いられている。種は同じような特徴をもち，互いに交配して子孫を残すことができる集団を指す。よく似た種をまとめて「属」と呼ばれる階級がつくられており，さらによく似た属をまとめて「科」がつくられている。同様にして，目，綱，門，界が設けられる。

盤類が進入することはなく，有袋類はさまざまなニッチェに適応して，華麗なる適応放散を遂げました。

まず，代表的な有袋類について，有胎盤類とのニッチェの対応関係を見ていきましょう。**写真 020** はフクロモモンガ。ムササビのような滑空のための飛膜をもつ樹上性動物です。雑食性でユーカリの樹液や果汁，花粉や昆虫などを食べます。**写真 021** はフクロシマリス。フクロモモンガより大型の樹上性動物ですが，飛膜をもたないので滑空することはできません。昆虫が主食の雑食性ですが，形態や行動はその名が示すようにリスに近いものです。

写真 022 はコアラ。愛らしい姿が人気です。ユーカリの葉を主食にし，ほとんど樹上で生活しています。1 日のうち 18～20 時間は眠るか休んで過ごすので，有胎盤類ではナマケモノが当てはま

写真 020　フクロモモンガ

写真 021　フクロシマリス

るでしょう。レッドリストではVU（危急）に分類されています。**写真023**はウォンバット。コアラと近縁の草食動物です。地面に穴を掘って生活するので，地上性の大型リスの仲間であるマーモットが当てはまります。**写真024**はフクロギツネ。キツネの名がありますが，ほぼ樹上性です。キツネが強い肉食性であるのに対して，木の葉や果物，昆虫，鳥やその卵などを食べる雑食性なので，有胎盤類のジャコウネコと同じニッチェを占めています。

写真025はバンディクート。特に砂漠に棲むミミナガバンディクートは耳が長く，巣穴を掘ることもウサギそっくりです。しかし，その食性は草食のウサギと違って雑食で，昆虫，果実，種子やキノコなどを食べます。**写真026**はアカクビワラビー。後肢による跳躍移動を進化させたため，似た形態をもつ有胎盤類は存在しませんが，大型であることやその食性からレイヨウ類が該当します。森林から草原，さらに砂漠にまで進出し，多くの種に分化していることもレイヨウ類と同じです。

写真027はオオフクロネコ。大きさはイエネコくらいですが，これでも肉食性の有袋類としてはタスマニアデビルに次ぐ大きさ

写真022　コアラ

写真023　ウォンバット

写真 024　フクロギツネ

です。タスマニアデビルが主に死肉食であるのに対し，フクロネコの仲間は哺乳類や鳥類など生きている動物を襲う正真正銘のハンターです。レッドリストでは NT（準絶滅危惧）に分類されています。

このほかの有袋類では，砂漠の地中に穴を掘り主にアリなどの昆虫を食べるフクロモグラがモグラに，乾燥した森林に生息しシロアリを食べる昼行性のフクロアリクイがオオアリクイに相当します。有胎盤類が占めるニッチェのうち有袋類が進出できなかったのは，コウモリのような空中への適応とクジラやアザラシのような水中への適応くらいでしょう。

水中生活者が進化しなかった理由として，「有袋類は雌が袋の中で子を育てるので，水中では子が溺れてしまうから」と言われることがあります。しかし，南アメリカには水中生活に適応した有袋類が存在します。ミズオポッサムです。後肢に水かきをもち，

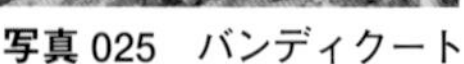

写真 025　バンディクート

写真 026　アカクビワラビー

母親は育児嚢の入り口を水が入らないように括約筋でしっかりと閉じて，子を育児嚢に入れたまま水中を泳ぐことができます。結局のところ，有袋類に水中生活者が現れなかった理由はよくわかっていません。もしかしたら，オーストラリア大陸では水中生活に適応した単孔類のカモノハシがすでに存在していたからかもしれません。

有袋類の適応放散は，視点を変えると「有胎盤類との間での驚くべき形態上の類似性」として捉えることができます。このような形態上の類似性を収束進化（収斂）と呼びます。白亜紀末期に起こった巨大隕石の衝突から生き延びた哺乳類の祖先は，恐竜類が絶滅してほとんど空白になったニッチェに進出し，急速に埋め尽くしていきました。オーストラリア大陸では有袋類が，それ以外の大陸では有胎盤類が，その役割を担いました。

最近，分子系統解析により，有胎盤類が四つの大きなグループに分けられることが示されました。ローレシア獣類と真主齧類は

写真 027　オオフクロネコ（飼育個体）

ユーラシア大陸で，アフリカ獣類はアフリカ大陸で，異節類は南アメリカ大陸で，それぞれ大陸ごとに適応放散したというのです。そして有胎盤類の四つのグループの間でも収束進化が見られるのです。その例を一つだけ紹介しましょう。センザンコウはシロアリ食に特化して歯が退化し，全身が硬い鱗に覆われています。アジアとアフリカに分布しますが，以前は南アメリカに分布するアルマジロと同じ貧歯目に分類されていました。アルマジロも全身が硬い鱗で覆われ，シロアリ食で歯をもたず，両者は形態がよく似ていたためです。しかし，センザンコウは新しく設けられた鱗甲目としてローレシア獣類に入れられ，アルマジロは被甲目として異節類に入れられました。大陸ごとに適応放散した多くの哺乳類の間で，なぜこのような収束進化が起こったのでしょうか。今後どのような説明が試みられるのか大変に興味深いところです。

8 カンガルー – 跳躍移動の達人

オーストラリアの動物で，コアラと人気を二分するのがカンガルーでしょう。カンガルーの仲間は森林に棲むネズミカンガルー類から進化しました。オーストラリア大陸とタスマニア島，ニューギニア島に約 70 種が生息しています。一般に，大型のものをカンガルー，中間のものをワラルー，小型のものをワラビーと呼んでいますが，この区切りは厳密なものではありません。

写真 028 はオオカンガルー（ハイイロカンガルー）。アカカンガ

写真 028　オオカンガルーの雌（左）と雄（右）

ルーとともに最も大型で，雄の体重は66 kg，雌は32 kgと，雌雄の差が顕著です。オーストラリア大陸東部の草原や開けた森林に生息し，群れで生活しています。**写真029**はマリーバイワワラビー。体重10 kgと中型のイワワラビーで，レッドリストではNT（準絶滅危惧）に分類されています。イワワラビーは岩場に進出した仲間で，特徴の一つが岩の上で滑らないように足の裏に毛が生えていることです。ケアンズから野生動物を見る1日ツアーに参加すると，必ず出会うことができます。**写真030**はカオグロキノボリカンガルー。この種もレッドリストではNT（準絶滅危惧）に分類されています。カンガルー類は森林から草原に進出しましたが，キノボリカンガルーの仲間は再び森林に戻りました。ずんぐりとした体形で，短い後肢と発達した前肢をもち，前肢の爪を使って木に登ります。ニューギニア島だけでなくオーストラリア東部の熱帯雨林でも会うことができたのには，ちょっと感動しました。

写真031はクアッカ。レッドリストではVU（危急）に分類されています。体重3 kgとワラビーのなかで最も小型です。パース近郊のロットネスト島（オランダ語で「ネズミの巣島」，クアッカを

写真029　岩場に棲むマリーバイワワラビー

写真030　カオグロキノボリカンガルー

写真 031　ロットネスト島のクアッカ

ネズミと間違えて名付けられました）は，多数のクアッカと触れ合えることができるので，観光客に人気の島です。

カンガルーの行動で特徴的なのは，高速で移動する際に見られる後肢だけを用いた跳躍でしょう。**写真 032** はスナイロワラビーが跳躍走行をしているところです。アカカンガルーは平均時速 40 km で移動し，最高時速は 70 km も出すことができます。オオカンガルーの 1 回の跳躍距離は 9 m，高さは 2 m にもなるそうです。

この移動法を採用しているのは，樹上で暮らすキツネザルなどを除いて他に例がありません。跳躍走行はエネルギー的に見ると極めて効率の良い移動法です。有胎盤類が採用している四足走行では，（体重 18 kg の場合）移動速度が 3 倍に増えると酸素消費速度は 2.3 倍に増加します。一方，同じ体重のカンガルーが跳躍走行を行ったとき，酸素消費速度はほとんど上昇しませんでした。跳躍走行では，筋肉の収縮で使われたエネルギーのうち失われるのはわずか 7％で，残りは弾性エネルギーとして腱に保存され，次の跳躍に利用されます。したがって，移動速度を速くしようとするとき，時間当たりの跳躍回数を変えずに 1 回の跳躍距離だけを

写真032　スナイロワラビーの跳躍

増やして，移動速度を増加させることができるのです。

　ではなぜ，有胎盤類は跳躍走行という効率的な移動法を採用しなかったのでしょうか。その理由は，跳躍走行が単調な連続運動であるため，細かい動作が必要なときには用いることができなかったと説明されています。カンガルーはいつでも跳躍移動を行うのではなく，ゆっくりと移動するときには四肢と尾を使って「五足歩行」を行います（後肢は交互に動かすのではなく一緒に動かします）。しかし，この移動法は四足走行と同様に，移動速度が増加すると急激に酸素消費速度が増加します。つまり，有胎盤類は小回りが利く移動法を優先したと考えることができます。これは勝手な想像ですが，カンガルーだけが跳躍走行という移動法を進化させたのは，オーストラリア大陸における大型捕食者の存在や捕食行動が関係していたのかもしれません。

9 タスマニアデビル
― 最大の肉食性有袋類

19 世紀の初めにヨーロッパ人が入植し始めた頃には，タスマニアデビルはオーストラリア大陸ではすでに絶滅しており，タスマニア島にだけ生息していました。入植者は，夜中に響きわたる唸り声を聞き，動物の死体を漁る姿を見て，「タスマニアの悪魔」と名付けました。タスマニアデビルの餌はほとんどが死んだ動物ですが，この名によって家畜を襲う害獣とみなされ（実際に襲うこともありました），駆除の対象となったのです。この貴重な動物を保護する機運が高まったのは，20 世紀に入ってからでした。

タスマニア島はオーストラリア大陸の南東に位置しており，北

写真 033　クレイドル山とダブ湖

海道の8割ほどの広さをもちます。中央部にそびえる標高1545 mのクレイドル山は，玄武岩の台地が氷河によって削られた美しい形をしており，その名である「ゆりかご」を連想させます（**写真033**）。年降水量は3000 mm。山麓には南極ブナや木生シダの原生林，ヒース科の植物パンダニの草原などが広がっており，タスマニアを代表する野生動物の宝庫になっています。

クレイドル山国立公園では多くの有袋類や鳥類に会うことができましたが，残念なことに野生のタスマニアデビルを見ることはできませんでした。「デビル顔面腫瘍性疾患（DFTD）」と呼ばれる致死性の悪性腫瘍が急速に拡大しており，14万頭だった生息数は2万頭にまで減少していたのです。レッドリストではLC（低懸念）からEN（危機）に変更され，オーストラリア政府も絶滅危惧種に指定しました。

写真034は，タスマニアデビルをDFTDから保護・育種しているDavils @ Cradleで撮ったものです。体重は10 kgと中型犬ほどの大きさしかありませんが，これでも肉食性有袋類では最大です。

写真034　保護されている成獣

体色は黒く，胸元に白い模様があり，ずんぐりとしていてクマの子のようです。どちらかというと愛嬌ある姿をしていますが，大きな口には鋭い歯があり，肉だけでなく皮や骨までかみ砕いて食べてしまいます。1日に食べる餌の量は体重の15%にもなります。**写真035**は給餌中の様子で，このあと激しい餌の奪い合いが起こりました。

タスマニアデビルは気性が荒く，同種個体どうしで餌や繁殖相手を巡って激しく咬みあうため，しばしば顔や首などに傷を負います。DFTDは，突然変異で生じた発症個体の腫瘍細胞が，この傷口から体内に入ることで感染が広がっていきます。ふつう，他個体の細胞が体内に入ると免疫系が働いて排除するのですが，この腫瘍細胞にはMHCというタンパク質が発現していないので，非自己と認識されず免疫系が働かないのです。腫瘍は急速に大きくなり，感染を受けた個体は眼や口が塞がれて餌が食べられなくなり，数か月のうちに餓死してしまいます。

写真035　争って遺体を食べる

写真 036　フクロオオカミの岩絵

皆さんは，「タスマニア」と名のつく絶滅した肉食性有袋類をご存じでしょうか。体の後半部に縞模様をもつために「タスマニアタイガー」とも呼ばれたフクロオオカミです。1936 年，最後の個体がタスマニアの州都ホバートの動物園で死亡しました。世界中の博物館で剥製標本が展示されていますが，その容姿は有胎盤類のオオカミによく似ており，収束進化の好例とされています。**写真 036** は大陸最北部に位置するカカドゥ国立公園に残されている岩絵で，体の縞模様からフクロオオカミを描いたものと考えられています。

DFTD によりタスマニアデビルは急速に個体数を減らしました。しかし，最近のニュースは回復の兆しが見えていることを伝えています。DFTD に対する抗体をもつ個体が見つかり，腫瘍が小さくなって生き延びている個体もいます。また，「攻撃性の弱い個体が現れている」との報告もあります。このような個体は咬みつかれにくいので，感染のリスクが低く，生き延びる可能性が高いのです。

最大の肉食性有袋類タスマニアデビル。その絶滅を防ぐために多くの努力が払われています。

10 カモノハシ – 卵を産む哺乳類

1799年，カモノハシの乾燥標本が初めてイギリスに送られてきたとき，科学者たちは「カモのくちばしとカワウソの胴体を縫い合わせた偽造品に違いない」と考えました。縫い目がないか確認するために，標本に切れ込みを入れた科学者もいたくらいです。後に本物とわかってからも，哺乳類の特徴である乳腺をもっているにもかかわらず，生殖器は爬虫類や鳥類のように卵生であることを示す構造をしていたため，議論は尽きませんでした。

カモノハシは卵を産む哺乳類としてあまりにも有名です。オーストラリア東部とタスマニア島に分布し，河川や湖沼などの淡水に生息しています。推定個体数は3～5万頭。個体数は考えられていたよりもずっと少ないことがわかり，レッドリストではLC（低懸念）からNT（準絶滅危惧）に変更されました。オーストラリア政府が国外への持ち出しを禁止しているため，オーストラリア以外では見ることができません。

写真037は，水面を泳いでいるカモノハシです。体重0.6～3 kg。雄が雌よりやや大きく，全身が防水性の体毛で覆われています。尾は扁平で脂肪を蓄積する役割があります。水かきが発達した四肢は短く，雄は後肢に毒を分泌する蹴爪(けづめ)をもちます。名前の由来となったくちばし（**写真038**）は，鳥のように硬いものではなくゴムのように柔らかくしなやかです。先端からやや後方に鼻孔が開いており，歯はありません。

カモノハシの餌は水底の泥の中に生息する昆虫，甲殻類，貝類，ミミズなどです。水中では眼も耳も閉じており，多くの神経が分

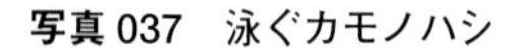

写真 037　泳ぐカモノハシ

写真 038　カモノハシのくちばし

布するくちばしで生物が出す微弱な電流を感じながら獲物を探します。河川の土手に穴を掘って巣をつくり，子育ても巣穴の中で行います。産卵数はふつう 2 個。卵の直径は約 17 mm。爬虫類の卵に似て球形で卵殻は柔らかです。母親の腹部の窪みに置かれた卵は 10 日ほどでふ化します。カモノハシは有胎盤類や有袋類のような乳首をもたないので，子は母親の乳腺から分泌された乳をなめて育ちます。

卵を産む哺乳類としてハリモグラを忘れてはなりません（**写真 039**）。カモノハシとともに単孔目に分類されます。これは排泄孔が尿道，生殖口，肛門に分化せず，爬虫類や鳥類と同じように一つになっているからです。オーストラリア全土とニューギニア島に分布し，アリやシロアリなどを餌としています。嗅覚が発達し，細く尖った鼻面で落ち葉や下生えを掘り返して餌を探します。**写真 040** は頭部です。口は小さく歯は全くありません。細長い舌を伸ばし，昆虫をねばねばした分泌液になめ取って食べます。体は毛が変化した硬い棘に覆われ，捕食者に襲われたときには丸く

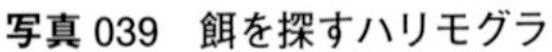

写真 039　餌を探すハリモグラ

写真 040　ハリモグラの頭部

なって防衛します。

2004 年，科学雑誌ネイチャーにカモノハシの性染色体に関する論文が発表されました。動物のもつ性染色体はふつう 1 対 2 本ですが，カモノハシはなんと 5 対 10 本（雄は X1Y1X2Y2X3Y3X4Y4X5Y5，雌は X1X1X2X2X3X3X4X4X5X5）と信じられない数の性染色体をもっていたのです。減数分裂で精子がつくられるときには，5 本の X 染色体と 5 本の Y 染色体がそれぞれ鎖状につながり，1 組になって両極に分かれていきます。実際には，10 本の性染色体は 1 対の X 染色体と Y 染色体のようにふるまうのです。さらに驚くべきことが明らかになりました。5 本の X 染色体上の遺伝子を調べたところ，最も大きな X1 染色体は哺乳類の祖先型の X 染色体に相当し，最も小さい X5 染色体は鳥類の祖先型の Z 染色体に相当していたのです（Z 染色体に関しては，「5　コモドオオトカゲ－単為生殖する世界最大のトカゲ」参照）。カモノハシは，形態的に鳥類と哺乳類の両方の特徴をもつだけでなく，性染色体に関しても両方の型をあわせもつ動物だったのです。

11 セイドウシロアリ
― 巨大な塔の中の王国

「トップエンド」と呼ばれるオーストラリアの最北部に位置するカカドゥ国立公園。赤褐色の大地には無数のアリ塚が林立し，独特の景観をつくり出しています（**写真 041**）。特に目につくのは，ヨーロッパの大聖堂のような形をした巨大な塔。その高さは6 m以上にもなります（**写真 042**）。塔の住人の名はセイドウ（聖堂）シロアリ。泥や噛(か)みつぶした木，だ液や糞を塗り固めてつくった巣では，王と女王のもとで300万匹以上の個体が秩序だった「社会」を形成して生活し，その繁栄は50年以上も続きます。

シロアリはハチやアリとともに「真社会性」の昆虫です。真社会性とは，集団で生活している動物のなかで，次の三つの性質を

写真 041　カカドゥ国立公園の奇妙な景観

写真 042　セイドウシロアリの巨大な塔

もったものを指します。① 同種の複数個体が子を育てること，② 生殖を行う個体（生殖カーストと呼ばれる女王や王）と生殖を行わない個体（不妊カーストと呼ばれるワーカーや兵アリ）がいること，③ 親世代と子世代が共存していること，です。

シロアリの巣は雄と雌の羽アリによって創設されます。これらが創設王と創設女王となり，生まれた子はワーカー，兵アリ，そして新たな羽アリになります。ここで注意しておきたいのは，シロアリは「白いアリ」ではないことです。アリやハチは完全変態をする昆虫なので，働くのは成虫だけです。シロアリはゴキブリに近い昆虫で不完全変態をするので，成虫によく似た形をしている幼虫が採餌や巣の維持，育児などを行うワーカーとして働きます。ワーカーは2回の脱皮のあと，巣の防衛に専念する兵アリになります。セイドウシロアリの兵アリは突出した頭部（**写真 043** は近縁のテングシロアリで，突出した頭部をもつ）から粘着性の分

写真 043　テングシロアリ

泌液を分泌し，天敵の襲撃から巣を守ります。創設王や創設女王が死亡すると，巣のメンバーのなかから新たな王や女王が出現します。これらが二次王，二次女王として繁殖を引き継ぐことで，長期間巣が維持されていきます。

昆虫では，ハチやアリ，シロアリだけで社会性が進化したのはなぜなのでしょうか。この問いは，「自分で子を産まないワーカー（や兵アリ）がなぜ進化したのか」と言い換えることができます。ハミルトンさんの出した答は「ワーカーは自分の親の繁殖を助け，同じ遺伝子を共有する兄弟姉妹を増やすことで，自分の遺伝子を多く残す戦略をとっている」でした。この考え方は「血縁選択説」と呼ばれます。

写真 044 は，営巣中のアシナガバチの一種です。ハチやアリなどの半倍数性（雌は二倍体，雄は一倍体）の昆虫では，親子（ワーカーと子）間よりも姉妹（ワーカーとワーカーや次世代の女王）間

写真 044　アシナガバチの巣

のほうが同じ遺伝子をもっている確率（血縁度）が高いので，自分の子をつくるよりも親（女王）が生んだ妹の世話をする個体が進化しやすかったと説明されます。さらに，弟は妹よりも血縁度が低いので，ワーカーは弟よりも妹のほうを育てることが予測されます。この予測どおり，ハチやアリでは性比が雌に偏ることが示され，血縁選択説が支持される強い根拠となっています*。

一方，シロアリは雄も雌も二倍体（両性二倍体）なので，ワー

---

*「半倍数性」の昆虫では，卵と精子が受精して生じる受精卵が発生すると雌（ワーカーや次世代の女王，$2n$）になり，未受精卵がそのまま発生すると次世代の雄（n）になる。このとき，血縁度は次のように計算することができる。母親の一方の相同染色体にのみ存在するある遺伝子は 1/2 の確率で娘に伝わるので，母親と娘との血縁度は 1/2 である。娘にとって，自分のもつある遺伝子が母親に由来する確率は 1/2 であり，母親のもつ相同染色体のどちらか一方を受け継ぐ。このため，姉妹がもつ遺伝子のうち母親由来の同じ遺伝子をもつ確率は $1/2 \times 1/2$ である。娘にとって，自分のもつある遺伝子が父親に由来する確率も 1/2 であるが，父親のもつ染色体は必ず受け継ぐ。このため，姉妹がもつ遺伝子のうち父親由来の同じ遺伝子をもつ確率は $1/2 \times 1$ である。したがって，姉妹間の血縁度は $1/2 \times 1/2 + 1/2 \times 1 = 3/4$ となる。これは，母娘間の血縁度 1/2 よりも高い。しかし，姉弟間では，姉から見て弟が母親由来の同じ遺伝子をもつ確率は妹の場合と同じであるが，弟には父親からの遺伝子は伝わらないので，姉から見た弟の血縁度は $1/2 \times 1/2 + 1/2 \times 0 = 1/4$ となる。

カーにとって妹と弟で血縁度は同じです。しかし，もしシロアリの社会でも血縁選択が働いているならば，自分の遺伝子をより多く残す子のほうを育てるようなことが起こっていることが考えられます。京都大学の松浦健二さんらは，この考えに基づいて調査を行い，シロアリでも血縁選択が行われていることを，2013 年に世界で初めて実証しました。

日本に広く分布しているヤマトシロアリでは，創設女王が自分の後継者となる女王（二次女王）を単為生殖で生産するという驚くべき繁殖様式が見られます（二次王やワーカー，羽アリは両性生殖により生産します）。この繁殖様式からすると創設女王は「不死身の命をもっている」と考えることができます。かくして，長期間存続した巣では，創設女王の分身である二次女王と，創設王と創設女王との交配により生じた二次王との間で交配が行われ，ワーカーや兵，羽アリが生まれます。この交配は遺伝的には，母–息子間の近親交配とみなすことができるので，それにより生まれる子は創設女王の遺伝子を創設王の遺伝子より 3 倍多くもっていることになります。このような場合には，ワーカーにとって雄の羽アリよりも雌の羽アリを多くつくるほうが自分たちの遺伝子を残すうえで有利となるため，妹のほうを多く育てるはずです。松浦さんらがヤマトシロアリと近縁の 4 種について調べたところ，単為生殖による女王継承システムをもつ種だけで，羽アリの性比が雌に偏っていたのです。

巨大な塔の中で，半世紀以上も続く王国を築き上げているセイドウシロアリ。その繁殖の実体は明らかではありませんが，ヤマトシロアリで見られるような創設女王による単為生殖が行われているとしたら，セイドウシロアリの国は「王国」ではなく「女王国」と呼ぶべきかもしれません。

12 カーテンフィグツリー
― 絞め殺し植物

オーストラリアの北の玄関，ケアンズ。世界最大のサンゴ礁であるグレートバリアリーフ観光の基地として多くの観光客で賑わっていますが，この都市のもう一つの魅力は，世界最古の熱帯雨林を手軽に訪問できることでしょう。

「絞め殺しの木」という物騒な名をもつカーテンフィグツリー（**写真 045**）は，ケアンズから南西に車で1時間ほど行ったアサートン高原の熱帯雨林の中で見ることができます。駐車場のある入

写真 045　カーテンフィグツリー

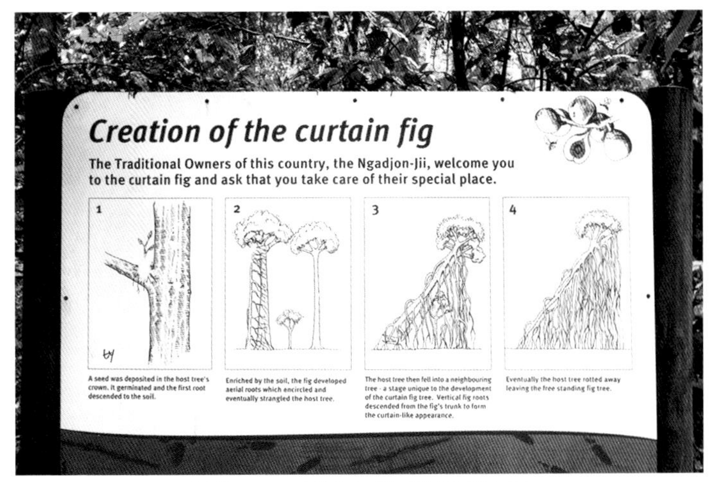

写真 046　成り立ちを図解する案内板

り口から歩いて約 5 分。木の周りには遊歩道が設けられ，その圧倒的な姿を 360 度で眺められるように工夫されています。この木の樹齢は 500 年以上と言われており，幹からはカーテンのように無数の根が垂れ下がっています。

木のすぐ近くに案内板が設置されていました（**写真 046**）。どのようにしてこのような姿になったのか，成り立ちがわかりやすく図解されています。(1) 絞め殺しの木は着生植物として成長を始めます。鳥などによって宿主となる木の林冠に運ばれた種子は発芽し，根（気根）を地面に伸ばしていきます。(2) 根は地表に達すると，土からの栄養分を取り込んで幹が太くなり，多くの根が宿主の幹の表面を覆い，ついには宿主を絞め殺します。(3) カーテンフィグツリーの場合には，偶然に宿主の木が倒れて隣の木に寄りかかりました。その結果，傾いた幹から根を地表に垂直に伸ばすようになり，カーテンのような形状になったのです。(4) 現在，

写真 047　宿主の木を気根が覆う

宿主の木は腐って無くなり，フィグツリーだけが残っています。

写真 047 は，同じアサートン高原の熱帯雨林で撮ったもので，宿主の木の表面を気根が覆っている段階です。**写真 048** は，コスタリカのモンテベルデ自然保護区の森で撮ったもので，宿主の木が完全に枯死して無くなった段階です。下から見上げると，宿主があった部分は円筒形の空間になっています。

気温が高く降水量が多い熱帯雨林は，多くの植物にとって好適

写真048　宿主の木が腐り空洞になる（下からの眺め）

な環境です。そこでは，光を巡る植物間の競争が熾烈を極めます。十分な光合成を行うには，他の植物より高い位置に葉を広げ，太陽光を獲得しなければなりません。しかし，そのためには光合成でつくった有機物を使って太くて丈夫な幹をつくり，体を支える必要があります。

ところが，葉を高い位置につける一方で，幹への投資を極力減らそうとする植物が現れてきました。他の樹木を支えにして茎を伸ばす「つる植物」や，土壌に根を下ろさず他の樹木の幹に根を張って生活する「着生植物」がこの戦略をとっており，これらの植物は熱帯雨林で数多く見られます。イチジクの仲間である「絞め殺し植物」が採用した戦略も，基本的につる植物や着生植物と同じです。しかし，その戦略は，「生活史の最後の段階において宿主である他の樹木を殺して置き換わる」という究極の戦略だったのです。

コラム ② ハメリンプールのストロマトライト

ストロマトライトは世界各地の 30〜20 億年前の地層から見つかっている層状構造をした岩石である。その中に原核生物であるシアノバクテリアの痕跡が発見された。シアノバクテリアは昼間光合成を行い，夜間に海水中に浮遊する粒子を粘液で固定し，翌日には再び光合成を行う。この繰り返しによって独特の層状構造がつくり出されるのである。

「生きている」ストロマトライトを見ることができる場所が西オーストラリア州にある。州都パースから約 800 km の距離にあるシャーク湾内のハメリンプールである。

もう 25 年も前になるが，パース滞在中に 1 泊 2 日のツアーで訪れた。6 人乗りの小型機で 2 時間半，真北に向けて飛ぶ。左手に真っ青なインド洋，右手に赤褐色の乾いた大地が眼下に広がる。到着後はイベントが盛り沢山である。モンキーマイヤーではイルカの家族が毎日遊びに来ていて，体に触れることができる。翌日は双胴のヨットに乗ってジュゴンの観察。数キロメートルにわたって白い小さな二枚貝の貝殻が堆積しているのがシェルビーチ。

最後に目的地であるハメリンプール海洋保護区を訪れた。湾の最深部に位置し，干満による海水の入れ替えが行われないために，塩分濃度が 2 倍もありほとんどの生物は棲めない。平坦で丸みを帯びた岩が浅瀬に連なっている。これが「生きている」ストロマトライトなのだ。地球上で初めて大量の酸素をつくり出した原始の海の風景が目の前に広がっている。

ハメリンプール。原始の海の風景

第3章

ガラパゴス諸島

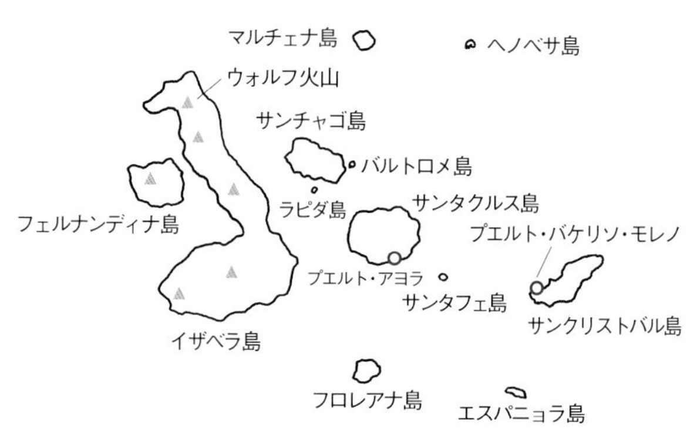
ダーウィン島
ウォルフ島
ピンタ島
マルチェナ島
ヘノベサ島
ウォルフ火山
サンチャゴ島
バルトロメ島
フェルナンディナ島
ラピダ島
サンタクルス島
プエルト・バケリソ・モレノ
プエルト・アヨラ
サンタフェ島
サンクリストバル島
イザベラ島
フロレアナ島
エスパニョラ島

13 リクイグアナとウミイグアナ

ガラパゴス諸島は，海底火山の活動によってできた島であり，成立以来一度も大陸とつながったことがありません。このような島を海洋島*と言い，成立時には全く生物は存在していませんでした。何らかの手段で島に到着した生物は島の中で進化し，大陸とは異なる島独特の生物相を形成していったのです。

一般に，海洋島には海を渡れない陸生の大型動物は存在しないのですが，ガラパゴス諸島にはゾウガメとイグアナという大型の爬虫類が生息しています。このうちゾウガメは多くの島で絶滅したり大幅に数が減少したりして，観光で野生の個体を見るのは難しいのですが，イグアナはどの島にも多数が生息し，簡単に見ることができます。

リクイグアナは，体長 1 m，体重 13 kg とウミイグアナよりやや大きく，黄土色をしています。サンタフェ島だけに生息するサンタフェリクイグアナ（**写真 049**）とその他の島に分布するガラパゴスリクイグアナ（**写真 050**）の 2 種に分けられます。サンタフェ種のほうは黄色がやや薄く，背中の棘状突起が明瞭で尾まで続いて

---

* 海洋島はサンゴ礁の隆起でできた島と海底火山の活動でできた島に分けられる。後者は，マグマの噴き出し口（ホットスポット）上の海底火山によってつくられ，プレートの動きに乗って移動していく。島はやがてマグマの供給を断たれるが，その後方には同様にして新たな島が誕生する。ガラパゴス諸島をつくるホットスポットは島の北西にあり，島々を乗せたナスカプレートは年間に数センチメートルの速さで南東方向に移動している。このため，西の端に位置するイザベラ島やフェルナンディナ島が最も新しく（50〜0 万年前に成立），東あるいは南東の端に位置するサンクリストバル島やエスパニョラ島が最も古い（500〜400 万年前に成立）。

写真 049　サンタフェリクイグアナ（サンタフェ島）

写真 050　ガラパゴスリクイグアナ（イザベラ島）

います。生息数はサンタフェ種が数百頭，ガラパゴス種が約 1 万頭ですが，ウミイグアナに比べるとずっと少数です。しかしレッドリストでは，これら 3 種とも VU（危急）に分類されています。ウチワサボテンの茎（葉のように見えるウチワの部分）や花を食べますが，木に登ることはできず，下で茎が落ちてくるのをじっと待っています。寿命は 60～70 年と言われています。

ウミイグアナは，体長 0.8～1.3 m，体重 1～12 kg と個体差が大きく，これは島によって餌である海藻の量が違うためです。エスパニョラ島の亜種は赤色に薄緑色が混ざった目立つ体色をしており，特に雄で顕著です（**写真 051**）。生息数は諸島全体で約 70 万頭と言われており，海藻が豊富なイザベラ島やフェルナンディナ島では生息密度が非常に高くなっています（**写真 052**）。ウミイグアナは世界のイグアナのなかで唯一海に潜ることができます。**写真 051** のような鋭い爪で海中の岩にしがみつき，海藻をかじり取って食べます。水温 10℃以下になる海では体温が低下するので，陸に上がると体温を上げるために岩に寝そべって長時間日光浴をしています（**写真 052**）。寿命はリクイグアナの半分の 30 年程度ですが，これはエルニーニョが原因ではないかと言われています。

エルニーニョは南米ペルー沖の海面水温が，高い状態で一年程度続く現象です。餌となる海藻が育たないので，ウミイグアナはやせ衰えて死んでしまいます。1980 年代にウミイグアナとリクイグアナの雑種であるハイブリッドイグアナがサウスプラザ島で発見されました。餌を失ったウミイグアナの雄が陸に向い，リクイグアナの雌と交尾した結果だと考えられています。ハイブリッドイグアナの体色は黒白まだらです。ウミイグアナのように鋭い爪をもつ

写真 051　ウミイグアナの雄（エスパニョラ島の亜種）

写真 052　ウミイグアナの群れ（フェルナンディナ島）

のでサボテンに登って茎を食べることができ，また，海に潜って海藻を食べることもできますが，繁殖能力はないようです。

2009 年，リクイグアナの新種が認定されたという論文が発表されました（発見は 1986 年）。体色は薄いピンク色で黒い斑点や縞があり，ピンクイグアナと名付けられました。現在，イザベラ島のウォルフ火山で 120 頭の生息が認められているだけです。遺伝子解析により，ピンクイグアナは他のリクイグアナから 570 万年前に分岐した種であることが明らかになりました。サンタフェ種とガラパゴス種の分岐は 100 万年前ですので，ピンクイグアナは最も原始的なリクイグアナでした。

リクイグアナとウミイグアナの分岐は 1050 万年前と推定されています。両種は中米に生息するトゲオイグアナに最も近く，分岐する前の祖先種が中米から海を渡ってやってきました。しかし，ガラパゴス諸島で現存する最も古い島ができたのは 500 万年前なのです。したがって，イグアナの祖先種は現在では海に沈んでしまった島に到着し，その後それぞれの島へ分布を広げていったと考えられています。

14 ガラパゴスコバネウ
― 飛ばなくなった鳥

ガラパゴスコバネウ（以下，コバネウ）は29種のウのなかで唯一飛翔能力を失った種です。遺伝子の解析から，中南米に生息するナンベイヒメウから約200万年前に分岐したことが明らかになりました。ガラパゴス諸島にたどり着いたコバネウの祖先は，島の環境に適応し，飛ばない方向に進化したのです。飛ばないことで体を軽くする必要がなくなりました。体重は3～4 kgとウのなかでも大きく，特に雄は雌よりも大きな体をしています（**写真053**）。

ウの仲間の羽毛の特徴は，多くの水鳥と違って発水性がないこ

写真053　雌（手前）と雄（奥）

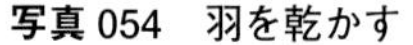
写真 054　羽を乾かす

写真 055　アメリカヘビウ (コスタリカ)

とです。羽毛が空気を含まないので浮力を小さくでき潜水には有利ですが，陸にあがると羽を乾かさなければなりません。**写真 054** は羽を乾かしているコバネウです。**写真 055** のアメリカヘビウと比べてみてください。翼が小さいだけでなく，羽がまばらにしか生えていないことがわかります。

コバネウはフェルナンディナ島沿岸とイザベラ島の西海岸だけに生息しています。個体数は 2000 羽程度 (繁殖個体は 800 羽以下)，レッドリストでは VU (危急) に分類されています。これらの島の周辺は，西から東に向かって流れるクロムウェル海流が島にぶつかって湧昇流をつくり出しているために，最も餌が豊富です。移動力の小さいコバネウは巣から数百メートル以内の沿岸域で餌をとっています。

巣は海藻などで岩場につくります。雌は 2～3 個の卵を産み，2 か月半ほどは雌雄でヒナを育てますが，その後は雄だけで 5～9 か月間ヒナを育てます。雌は巣を去り，他の雄とつがいになって営巣を開始します (一妻多夫)。片親の子育てによるヒナの生存率が

写真 056　ガラパゴスペンギン（幼鳥）

両親による子育てと変わらないならば，できるだけ多くの子孫を残すために，この繁殖システムが選ばれたこともうなずけます。また，体が大きい雄は多くの獲物を捕らえることができるので，雄がヒナを育てるほうが効率がいいのです。この繁殖システムは他のウでは見られないことから，ガラパゴス諸島で進化したと考えられています。

コバネウと同じ海域には，飛ばない鳥がもう 1 種生息しています。ガラパゴスペンギンです（**写真 056**）。小型のフンボルトペンギン属のなかでも，体重 2.5 kg と最も小さい種です。個体数は 1770 羽。レッドリストでは EN（危機）に分類されています。18 種のペンギンのなかで唯一熱帯に生息していますが，南アメリカ大陸の南西の海岸に生息するマゼランペンギンやフンボルトペンギンと分かれた祖先が，ペルー海流（フンボルト海流）に乗ってガラパゴス諸島にたどり着いたと考えられています。

ペンギンは飛翔のための翼を潜水に転用しました。翼を硬く小さくひれ状（フリッパーと呼ばれます）に変化させ，羽ばたきによって泳ぐのです。鳥には珍しく首が短く，水中では流線型の体形をしているため，中層を泳ぐ魚を追跡して捕らえることができます。一方，コバネウは潜水に翼を使うことはありません。翼は体にぴったりとくっつけ，肢だけを使って潜ります。主な餌は底生魚やタコなどで，長い首を伸ばして獲物を捕らえます。

コバネウやペンギンはなぜ飛ばなくなったのでしょうか。飛ばないことで生じた利点を考えてみましょう。コバネウの場合は，翼や胸筋を大きくする必要がないので，そのエネルギーで足ひれを大きくし，肢の筋肉を発達させて（**写真 053**），潜水能力を高めることができました。また，翼が小さく羽毛が少ないことも浮力を減らせるので，潜水には有利に働きました。

ではペンギンはどうでしょうか。ペンギンは翼を潜水だけに使いますが，翼を空中と水中の両方で使う鳥がいます。ウミスズメの仲間です。ウミスズメの翼はペンギンほど小さくはないですが，かなり小さめです。水の密度は空気に比べて大きいので，水中での抵抗は空中に比べて非常に大きく，水中で翼を推進力として使うためには小さくする必要がありました。一方，空中での羽ばたき飛行では，翼は大きいほうが揚力を大きくできるため有利です。このように，ウミスズメの翼は空中を飛ぶには少し小さめで，水中を進むには少し大きめなのです。ペンギンの祖先がいつ飛ばなくなったかはわかりませんが，今の翼の大きさではいくら羽ばたいても空中を飛ぶことはできません。

飛翔は短時間での長距離移動を可能にし，捕食者からの逃避や食物の獲得を容易するものですが，そこに費やすエネルギーは非常に大きなものでした。天敵がほとんど存在せず餌が十分得られるような環境では，鳥たちは翼を小さくして簡単に飛翔能力を放棄してしまったのです。

15 カツオドリの棲み分け

カツオドリは「カツオをとる」鳥ではなく，大型の魚類に追われて水面近くに上がってきた小魚を狙って集まり，上空から海にダイブして捕らえるという狩りをします。つまり，漁師にカツオなどの魚群の位置を知らせる鳥としてその名が付きました。ガラパゴス諸島にはカツオドリ属 6 種のうち 3 種が生息しています。

写真 057 はナスカカツオドリ。体長は 85 cm と 3 種のなかで最大です。真っ白な羽毛で覆われ，翼の先端と尾羽の先端が黒色をしています。くちばしの周囲も黒く，正面から見るとマスクを付けているように見えます。生息数は 5～10 万羽。崖に近い岩場に

写真 057　ナスカカツオドリ（エスパニョラ島）

簡単な巣をつくり2個の卵を数日の間隔をあけて産みますが，先にふ化したヒナが後からふ化したヒナを巣から追い出してしまうので，育つのはいつも1羽だけです。この行動は「兄弟姉妹殺し」と呼ばれるものですが，2羽目のヒナは1羽目がふ化しなかったり育たなかったりしたときの補償であると考えられています。

写真058はアオアシカツオドリ。体長は80 cmと3種の中間です。生息数は約2万羽と最も少ないのですが，開けた場所に営巣し沿岸近くで餌をとるので，最も目につきます。その名のとおり「青い足」が目立ちますが，足の色は餌の魚に含まれるカロテノイドが関係しています。カロテノイドはふつう黄色や橙色に発色しますが，タンパク質と結合すると青色になるのです。鮮やかな青色は十分な餌をとり健康であることの証になるので，雌は鮮やかな青色の足をもつ雄を交配相手に選んでいるようです。1～3個の卵を産み

写真058　アオアシカツオドリ（エスパニョラ島）

写真 059　アカアシカツオドリ（ヘノベサ島）（栗部栄史さん撮影）

ますが，餌条件が十分なとき以外は１羽のヒナしか育ちません。

写真 059 はアカアシカツオドリ。ヘノベサ島はアカアシカツオドリの世界最大の繁殖地で，生息数は 30 万羽とも言われていますが，残念ながら訪れることができませんでした。この写真は友人である栗部栄史さんのご厚意によるものです。体長は 70 cm と，3 種のなかで最小です。他の２種とは異なり，小枝を集めて樹上に巣をつくります。１個の卵を産み，１年がかりでヒナを育てます。くちばしは水色で根元はピンク色とパステルカラー，その名のとおり真っ赤な足が特徴的です。

これら３種のカツオドリは営巣場所や採餌場所が異なっています。アオアシカツオドリは沿岸部，ナスカカツオドリは沖合，そしてアカアシカツオドリは外洋で採餌を行います。これほど多くのカツオドリが生息していることは，ガラパゴスの海がいかに豊かであるかを示すものと言えるでしょう。

16 サボテン類 ─ 乾燥地への適応

サボテンは砂漠のような乾燥地に適応した植物です。水分の蒸発を防ぐために葉が棘に変化していることや，太い茎が水の貯蔵器官としての役割をもつことはよく知られています。葉の代わりに光合成を行うのは茎ですが，サボテンの光合成の仕方は一般の植物とはやや異なっています。

植物が行う光合成では，昼間に光のエネルギーを用いて，気孔から取り込んだ二酸化炭素と根から吸収した水を使って糖が合成されます。しかし，気温が高い昼間に気孔を開くと水が蒸発してしまいます。そこでサボテンは，昼間は気孔（茎に存在します）を閉じ，気温が低い夜間に気孔を開いて二酸化炭素を取り込むことで，水分の損失を防いでいます。取り込んだ二酸化炭素はリンゴ酸という物質に変化させて細胞内に蓄えておき，光が当たる昼間にリンゴ酸を分解し，体内で二酸化炭素を発生させて光合成を行うのです。このような光合成はCAM型光合成と呼ばれており，乾燥地に適応した植物で知られています。

ガラパゴス諸島で一年中吹いている南東貿易風は，山に当たって上昇し運んできた湿気を雨に変えます。しかし，海抜高度が低い島や，貿易風が当たらない島の北側では，ほとんど雨が降りません。このような乾燥気候のガラパゴス諸島には3属8種のサボテンが分布しており，その全てが固有種です。

写真 060 はヨウガンサボテン。1属1種です。指のような形で背丈が低く，新しい溶岩や火山灰の上に生育し，寿命は数年と言われています。

写真 060　ヨウガンサボテン（バルトロメ島）

写真 061　ガラパゴスハシラサボテン（イザベラ島）

写真 061 はガラパゴスハシラサボテン。こちらも１属１種です。電信柱のような形をしており，高さは７m にもなります。六つの島に分布し，ウチワサボテンに混じって生育しています。夕方から翌朝まで赤い花を咲かせ，ガによって受粉が行われているよう

写真 062　ガラパゴスウチワサボテン（サンタフェ島）

です。

ガラパゴスウチワサボテン（以下，ウチワサボテン）は1属6種で，全島の低地で見られます。太い幹をもち高さ10 mを超える樹木タイプ（**写真 062**）と，1 m程度で地面を這（は）うタイプ（**写真 063**）に大きく分けられます。

ゾウガメやリクイグアナはウチワサボテンの茎や花，果実を餌にしています。ウチワサボテンの幼植物は丈夫な棘を密に生やして身を守り，成長すると茎を硬い樹皮で覆って食べられないようにし，高い位置にウチワ状の茎を広げて花をつけるようになりま

写真 063　ガラパゴスウチワサボテン（イザベラ島）

した。ゾウガメやリクイグアナのいる島では，このタイプが見られます。一方，ゾウガメやリクイグアナがいない島では，樹木タイプになる必要はなく，茎は緑色をしたままで地面を這っています。島によるタイプの違いは，ウチワサボテンとその捕食者間の共進化の結果であると考えられています。

ウチワサボテンはガラパゴス諸島の低地の生態系のなかで，多くの生物を支えています。リクイグアナはサボテンの下でずっと待っていて，落ちてきた茎や果実を食べていますが，糞とともに種子を排出するので，サボテンの側から見ると種子散布に役立っています。サボテンフィンチもサボテンと密接な関係を築いており，食物と水を得る代わりに，サボテンの種子を運んで繁殖を手伝っています（**写真 064**）。ウチワサボテンの黄色い花にはダーウィンクマバチが来ていました（**写真 065**）。植物の受粉を行うのはふつう昆虫ですが，ガラパゴス諸島の昆虫相は非常に貧弱です。島に生息するハチの固有種はダーウィンクマバチただ１種で，多くの植物の送粉者として島の生態系において重要な位置を占めています。

写真 064　サボテンフィンチの雄（ラピダ島）

写真 065　ダーウィンクマバチ（サンタクルス島）

コラム③　進化論の島

ガラパゴス諸島を「進化論の島」と呼ぶのはとても安易な気もするが，他に適当な言葉が浮かんでこない。1835年にダーウィンがビーグル号で訪れ，進化論を発想するきっかけになったことはあまりにも有名である。生物にさほど興味を抱かない人でも一度は訪れてみたいと思うのがガラパゴス諸島なのだ。

しかし，緑豊かな森林があるわけでも，美しい白砂の海岸があるわけでもなく，島のほとんどが黒色の溶岩に覆われている。多くの人々を引きつけてやまないのは，そこが「進化論の島」であるからだろう。

1964年にダーウィンの名を冠した研究所がサンタクルス島のアカデミー湾に開設され，現在でも野生生物の保護と管理を行っている。1978年にはユネスコ世界遺産第1号に登録されたが，当時島を訪れた観光客はまだ少なかった。1986年にはガラパゴス海洋保護区が設置され，後に陸域に追加統合されて世界遺産となる(2001年)。この頃から，急速な観光地化により島の人口は増え，環境汚染や外来生物の増加，水産資源の密漁など多くの問題が持ち上がり，2007年には危機遺産リストに登録された。2010年に危機遺産リストから除外されたものの，観光客の数は右肩上がりで増加し続けている。

2015年には年間224000人が訪れ，世界遺産登録当時の20倍にもなった。多数の観光客の流入は脆弱な島の自然と動植物を圧迫しており，このままでは再び危機遺産リストに登録されることが懸念されている。

溶岩上に生育する固有種のティキリア(バルトロメ島)

第4章

コスタリカ

N. P. : national park, N. R. : nature reserve, B. R. : biological reserve.

17 ケツァール – 構造色の輝き

アステカの主要言語であったナワトル語で「大きく輝いた尾羽」を意味するケツァール。古代アステカでは，農耕神ケツァルコアトルの使いであり，この鳥の羽毛を身につけることができるのは王と最高位の聖職者だけでした。和名はカザリキヌバネドリ。鮮やかな緑色の羽と真っ赤な胸元，黄色のくちばしをもち，「世界で

写真 066　長い飾り羽をもつ雄

一番美しい鳥」と言われています（**写真 066**）。

ケツァールはメキシコからパナマにかけての標高 1500〜3000 m の雲霧林に生息しています。餌は主に果実や木の実ですが，昆虫やトカゲなども食べます。グアテマラでは国鳥であり，コスタリカを訪れる多くの観光客の目的は「ケツァールに会うこと」と言っても過言ではありません。大きさはハトよりやや大きいくらいですが，雄には 1 m 近くにもなる 2 本の飾り羽（尾羽ではなく上尾筒）があります。この飾り羽を閃（ひらめ）かせて飛ぶ姿は手塚治虫さんの「火の鳥」のイメージとも重なります。雌にこの飾り羽はなく（**写真 067**），雄も繁殖期にだけ飾り羽が伸びてくるのです。

ケツァールの繁殖期は 2〜3 月なので，この季節に合わせてコスタリカを訪れるのがいいでしょう。ケツァールに会える確率が高い場所としては，セロ・デ・ラ・ムエルテ（死者の山）山麓の村サン・ヘラルド・デ・ロータがお奨めです。雲霧林に囲まれたこの村の標高は 2500 m。早朝からの観察には防寒具が必需品であり，空気がうすいので少し動くと息切れがするほどでした。つがいは

写真 067　雌

写真 068　巣から顔を出す雄

キツツキなどが樹に開けた穴を丈夫なくちばしで大きくして営巣します。ふつう 2 個の卵を産み，ヒナがふ化するまでの 17〜18 日間，雌雄が交代で卵を温めます。**写真 068** は巣から顔を出した雄ですが，抱卵中には雄の長い飾り羽が巣の外に出ていることもあります。ヒナはふ化後 3 週間ほどで飛べるようになり，この頃には雄の美しい飾り羽は落ちてしまいます。サン・ヘラルド・デ・ロータでは観光資源であるケツァールの手厚い保護が行われています。レッドリストでは NT（準絶滅危惧）に分類されていますが，生息数は隣接のロス・ケツァレス国立公園と合わせて，45 ペアから 70〜80 ペアに増加しているという話を聞きました。

ケツァールの羽は，太陽光が当たったときにはエメラルドグリーンに輝いていますが，森の中ではターコイズブルーに見えます（**写真 069**）。このように光の具合や見る角度によって色が変化するのは，それが構造色であるためです。

自然界には輝くような色をもつ生物が数多く存在します。昆虫

写真 069　森の中の雄

ではタマムシやモルフォチョウ，鳥ではクジャクやハチドリ，魚ではネオンテトラなどです。これらの色は実際についているものではありません。光の波長程度の微細構造（薄い膜や規則的な多重層など）が，干渉や散乱などの光学現象を引き起こして色として見えるのです。シャボン玉やコンパクトデスクなどは虹色に見えますが，これらが透明であることは皆さんもよくご存じでしょう。色素による色は，例えば木の葉なら波長 540 nm 以外の波長を色素が吸収することで緑色に見えるのですが，構造色は特定の波長を積極的に反射させることで色を出しているのです。

色素による色は時間がたてば退色します。しかし，構造色はその構造が保たれているかぎり色あせることはありません。このような利点を生かそうと，構造色を塗料や繊維など私たちの生活に応用する研究が進められています。人々がケツァールの輝きを放つ衣服を身につけることができる日が来るのもそう遠いことではないでしょう。

18 森の宝石，ハチドリ

コスタリカの森でロッジの前のベンチに座っていると，ブンブンという羽音が聞こえてきました。緑や青や紫に輝く小さな生きものが，花壇に植えられた植物やロッジに設置された給餌器の周りを飛び回っています。ハチドリです（**写真 070**）。ハチドリの体重はわずか 2～20 g。鳥類のなかで最も小型です。中南米の熱帯地域に 338 種が生息し，コスタリカではこのうち約 50 種を見ることができます。

ハチドリの最も大きな特徴は，長時間にわたって空中に静止するホバリングの能力でしょう。翼を 1 秒間に 50～60 回も前後に動かして飛ぶため，翼は写真にはっきりとは写りません（**写真 071**）。鳥の飛行では，羽ばたきによって推力（進行方向に進む力）と揚力（上に押し上げられる力）がつくりだされます。羽ばたきを担うのは飛翔筋で，ふつうの鳥では体重の約 15％を占めますが，翼を打ち上げる筋肉はそのうちの 1/10 程度にすぎず，羽ばたきに関する

写真 070　アオノドハチドリ（雄）

写真 071　ミドリボウシテリハチドリ（雄）

仕事の大部分は打ち下ろす筋肉が担っています。このため，揚力は翼を打ち下ろすときにしか得られません。一方，ハチドリの飛翔筋は体重の 25〜30%を占め，打ち上げる筋肉はその 1/3 にもなります。ハチドリは肩関節が柔軟で 180 度近くも回転させることができ，翼を打ち上げるたびに反転させます。この動きによって，翼を打ち下ろすときだけでなく，打ち上げるときにも揚力を得ています。また，翼の打ち上げと打ち下ろしでは逆方向の推力が得られるため，体を空中の一点にとどめることができるのです。

ハチドリは優れたホバリング能力をもちますが，その代償も少なくありません。体を軽くするために肢の筋肉は少なくなり，骨も細く歩行は困難です。ホバリングに必要なエネルギーを得るためには，1 日当たり体重の 1.5 倍もの花の蜜を吸わなくてはなりません。また，睡眠中のエネルギーを節約するために，夜間は冬眠に似た状態（トーパーと呼ばれます）になります。体温を日中の 40℃から周囲の気温と同程度の 18℃にまで低下させ，心拍数も毎分 1000 回から 50〜180 回に減らします。それでもハチドリは毎晩体重の 10%を失っています。

写真 072　ムラサキケンバネハチドリ（雄）

花の蜜を巡って競争しているハチドリのなかには，花の形に特化したくちばしをもつ種もいます。アンデス山脈に生息するヤリハシハチドリは，体長の半分にもなるくちばしをもち，非常に長い花冠をもつトケイソウの一種の蜜を独占しています。ムラサキケンバネハチドリ（**写真 072**）のような大型のハチドリは，一般に長く湾曲したくちばしをもち，大量の蜜をもつヘリコニアなどの花を好んで訪れます。コスタリカノドジロフトオハチドリ（体重はなんと３g！）（**写真 073**）などの小型のハチドリは，短く真っすぐなくちばしをもち，さまざまな花を訪れます。舌はくちばしよりも長く伸び，１秒間に 12 回のスピードで出し入れして蜜をなめ取ります。舌の先端には縦方向の２本の溝がついており，それを開閉すると蜜を取り込むことができるのです。

ロッジにはハチミツを入れた給餌器が軒先に設置されていますが，どの給餌器も赤い色をしています（**写真 073**，**写真 074**）。赤い色はハチドリにはよく目立つ一方で，昆虫には目立たないので，ハチドリだけを集めるという効果があるのでしょう。

写真 073　コスタリカノドジロフトオハチドリ（雌）

写真 074　ノドジロシロメジリハチドリ（雌：左）

写真 075　抱卵中のシロエリハチドリ（雄）

ハチドリの巣の形態はさまざまですが，コケや地衣類，種子の綿毛などをクモの糸で留めてつくります。**写真 075** はシロエリハチドリで，雄が抱卵していました。ハチドリはふつう小さな白い卵を 2 個産みます。2〜3 週間の抱卵期間を経てヒナがふ化し，その後 3 週間程度で巣立ちを迎えます。

森の宝石とも呼ばれるハチドリ。森の中のロッジに宿泊すれば，この虹色に輝く愛らしい小さな鳥に必ず会うことができます。それはコスタリカ旅行の大きな楽しみの一つです。

19 オオハシ – 大きなくちばしは何のため

オオハシの仲間は中南米の熱帯雨林に47種が生息しており，小型のものはチュウハシと呼ばれます。昆虫や小型の爬虫類，鳥類の卵なども食べますが，果実などの植物が主な食物です。オオハシの特徴は，何と言ってもその名のとおり大きなくちばしでしょう。

写真076はクリハシオオハシ。コスタリカにおける最大種で体重750 g。ブラジルに生息するオニオオハシ（体重850 g）に次ぐ大きさです。**写真077**はサンショクキムネオオハシ。体重500 g。くちばしの色でクリハシオオハシと簡単に区別することができます。コスタリカでは熱帯雨林に生息していましたが，最近ではモンテ

写真076　クリハシオオハシ

写真 077　サンショクキムネオオハシ

ベルデなどの雲霧林に分布を広げているようです。**写真 078** はムナフチュウハシ。体重 230 g。カリブ海側の熱帯雨林に生息しており，くちばしと胸の模様が目立ちます。**写真 079** はキバシミドリチュウハシ。最も小型の種で体重 180 g。雲霧林や山岳林など標高の高い地域に生息しています。

オオハシのくちばしは大きくて重そうに見えますが，ハニカム構造（蜂の巣のように六角形の穴が並んだ構造）をしており，中はほぼ空洞です。最も大きなくちばしをもつオニオオハシでも，くちばしの重さは 15 g と体重のわずか 2％にすぎません。餌である果実を上に放り投げてそのまま飲み込むので，くちばしは堅い果実を割るためのものではないようです。では，オオハシが大きなくちばしをもつ理由は何なのでしょうか。これまで，細い枝先の食物をとるためとか，求愛行動のためとか，いくつかの説が出されていましたが，最近，「オオハシのくちばしは体温調節器官である」という説が発表されました。

カナダのブロック大学のタッターサルさんらは，オニオオハシをさまざまな外気温の環境下におき，サーモグラフィを使って体温（皮膚が羽毛に覆われていない眼の周辺）やくちばしの基部と先端部の温度を測定しました。その結果，オニオオハシは外気温が

写真 078　ムナフチュウハシ

写真 079　キバシミドリチュウハシ

20～25℃のときにはくちばしの基部で熱を放散し，外気温が25℃以上になるとくちばしの先端部への血流量を増やして体温を下げていることが明らかになりました。くちばしにはその表面付近に多数の血管が張り巡らされています。鳥は汗をかかないため，体温が上昇すると大量の血液をくちばしに送り，熱を放散して冷やした血液を体に戻すことで体温を調節するのです。くちばしでの体温調節には水分を失わないという利点もあると考えられます。

くちばしを放熱器官と考えると，アレンの法則が思い浮かびます。「恒温動物において，同種あるいは近縁種では，寒冷な地域に生息するものほど耳や肢，尾などの突出部が短くなる」という法則です。体の突出部は体表面積を大きくして放熱量を増やす効果があるので，温暖な低緯度地域では突出部を大きくして放熱量を増やし，寒冷な高緯度地域では逆に突出部を小さくして放熱量を減らすのです。

オオハシ科34種について，分布域の緯度とくちばしの長さ（体のサイズを考慮した相対的な長さ）の関係，分布域の標高とくちばしの長さの関係が調べられました。前者については明らかな関係が見出せませんでしたが，後者については標高が高くなるにつれてくちばしの長さが短くなりました。オオハシ科は熱帯や亜熱帯だけに生息するので，緯度との関係は明瞭ではなかったのでしょう。

さらに8科214種の鳥類について，分布域の気温とくちばしの長さの関係を調べたところ，気温が高くなるにつれてくちばしが長くなるという傾向が示されました。オオハシ以外の鳥類でも，くちばしは採餌器官だけでなく体温調節器官としての役割をもっていたのです。

20 新世界ザルの色覚

まず，私たちヒトの色覚の話から始めましょう。虹の7色は下から順に紫，藍，青，緑，黄，橙，赤に分けられ，これは波長400 nmから700 nmまでの光に対応しています。例えば，450 nmの波長の光が眼に入ると青と感じ，550 nmの波長の光が眼に入ると緑と感じます。しかし，これらの光に色がついているわけではありません。色は単なる波長の違いであり，色を見るのはヒトの脳なのです。

光を受け取るのは眼の網膜にある錐体細胞です。錐体細胞の中のオプシンと呼ばれる視物質が光を吸収すると，その細胞が電気的に興奮し，脳に光の情報を伝えます。ヒトの視物質は3種類あり，光の波長に対する感度が少しずつ異なるので，その興奮の度合いによって，いろいろな色を脳が感知することができるのです。3種類の視物質（青，緑，赤）をつくるのは3種類の遺伝子ですが，青視物質の遺伝子は常染色体にあり，緑視物質と赤視物質の遺伝子はX染色体上に隣り合って存在しています。男性はX染色体を1本しかもたないので，緑視物質の遺伝子と赤視物質の遺伝子のどちらかが欠損すると，赤と緑が識別しにくくなります。しかし，女性はX染色体を2本もつのでこれが起こりにくいのです。日本人男性ではこのタイプの「色覚異常」が約5%現れます。

脊椎動物では，魚類や爬虫類，鳥類は4種類の視物質をもちますが（魚類や鳥類の体は色鮮やかです），哺乳類は旧世界ザルや霊長類を除いて2種類しかもちません。これは，哺乳類の祖先が爬虫類から分かれたとき，夜行性の生活に伴って色の識別が不要となり，2種類の視物質の遺伝子を失ったからです。恐竜の絶滅によって哺乳類は昼間の環境に進出し，その後，旧世界ザルは再び赤視物質の遺伝子を獲得して3色型になりました。赤と緑の識別は，緑の森の中で赤い果実を見つけるのに有利だったと考えられています。

前置きが長くなりました。ここからが新世界ザルの話です。新世界ザルは中央アメリカから南アメリカにかけて約100種が生息しています。コスタリカで最も頻繁に見ることができるのはマントホエザルで，雄の体重は7 kgと新世界ザルでは最大です（**写真080**）。雄は特に大きなのど袋をもっており，トルトゥゲーロ国立

写真080　マントホエザル（雄）

公園やサラピキのラ・セルバ生物保護区のロッジに宿泊すると，毎朝，日の出前からホエザルの鳴き交わす大きな声が聞こえてきます。木の葉を主食としているため（**写真 081**），巨大な盲腸と結腸をもち，中に微生物を棲まわせています。**写真 082** はノドジロオマキザル。カラーラ国立公園で出会いました。体重は 3〜4 kg とやや小型で，果実や昆虫を食べる雑食性です。

12 種の新世界ザルで視物質の遺伝子が調べられています。夜行性のヨザルは 1 種類の視物質しかもたず，ホエザルは旧世界ザルのように（雄も雌も）3 種類の視物質をもちます。それ以外のサル

写真 081　マントホエザルの雌と子

写真 082　ノドジロオマキザル

は，種としては3種類の視物質をもちますが，個体ごとに見ると雄は全て2色型，雌は3色型または2色型です。これは，X染色体上には緑視物質の遺伝子と赤視物質の遺伝子のうちどちらか一つしかないからです。X染色体を1本しかもたない雄は，常染色体上の青の視物質遺伝子をあわせて2色型になります。一方，雌は2本のX染色体上の視物質の遺伝子が同じときは青とあわせて2色型に，2本のX染色体上の視物質の遺伝子が異なるときは青とあわせて3色型になります。

新世界ザルでこのような色覚パターンが長期間保たれているのはなぜなのでしょうか。そもそも3色型の色覚は本当に有利なのでしょうか。東京大学の河村正二さんらは，クモザルでは3色型は赤い果実と緑の葉をはっきり区別でき，2色型は区別がつかないことを実験によって明らかにしました。しかし，2色型が3色型よりも有利であるという観察事例も見つかりました。ノドジロオマキザル（**写真 082**）は，森の中のうす暗い環境では，2色型は3色型に比べて3倍も効率よく昆虫を捕まえることができるのです。

2色型の色覚は明るさのコントラストや形の違いに非常に敏感で，森の中でカムフラージュしている昆虫の捕獲には有利でした。じつは，赤と緑の色覚は，ものの輪郭を見るための神経回路を流用しており，輪郭を見る機能を犠牲にしていたのです。

このような研究をもとに，河村さんはヒトの「赤緑色覚異常」についてコメントしています。ヒトの集団がもっている「色覚異常」は「異常」ではなく「多型」であり，「それが集団中に残ってきたのには意味がある」と。『祖先の物語（上）』のなかでは，ノドジロオマキザルの観察事例と類似する話が紹介されています。第二次世界大戦の爆撃機の乗員には2色型の色覚の人が必ず一人召集されていました。2色型の人は3色型の人が騙(だま)されてしまうようなある種のカムフラージュを見破る能力をもっているからです。

21　2種の白いコウモリ

コスタリカに生息する哺乳類は228種，そのほぼ半数の113種をコウモリが占めます。カエルだけを食べるカエルクイコウモリ，哺乳類の血液だけを糧としているナミチスイコウモリ，水面近くを泳ぐ魚を後肢で引っかけて捕らえるウオクイコウモリなど，変わった習性をもつコウモリが数多く見られます。そのなかで最もコウモリらしからぬコウモリと言えば，白い体色をしたシロヘラコウモリでしょう。

シロヘラコウモリは中央アメリカのカリブ海側の熱帯雨林に生息しており，レッドリストではNT（準絶滅危惧）に分類されています。体長はわずか4 cm，体重は6 g。小型のコウモリとしては珍しく果実食です。丸い体にふわふわの毛，黒い大きな眼，やり形をした鼻葉（びよう）と平たい耳殻は黄色と，ぬいぐるみそっくりです（**写真083**）。その人気は大変なもので，「コスタリカで最もかわいい

写真083　シロヘラコウモリ

哺乳類」とも言われています。

首都サンホセの北に位置するサラピキを訪れたのは，このコウモリを見たい一心からでした。私設の Pierella Ecological Garden は，オーナーが20年もかけて牧草地から森林を再生してつくりあげた「野生動物の楽園」です。ここは多くの鳥や昆虫，カエルなどが生息し，野生のシロヘラコウモリを簡単に見ることができる場所なのです。シロヘラコウモリはバナナやヘリコニアの中央の葉脈を歯でかじり，葉をテント状にしてねぐらをつくります（**写真084**）。昼間はねぐらの中で寄り添って休んでいますが，その集団は1匹の雄と数匹の雌で構成されており，ハレムと呼ばれます。

さて，シロヘラコウモリの体色が白いのはなぜでしょうか。ヘリコニアの葉の下に白い段ボール紙と茶色の段ボール紙を置き，葉を通して太陽光を当ててみたところ，白い段ボール紙のほうが見えにくかったという実験があります。コウモリは葉の裏側にいるので，葉を透過した緑の光のなかでは，茶色の体色よりも白い体色のほうがカムフラージュされるという訳です。**写真083**では白い体色が目立っていますが，これは懐中電灯の光を当てて撮影

写真084　バナナの葉のねぐら

写真 085　アルブシロサシオコウモリ

をしている からです（フラッシュ撮影は禁止でした）。

「シロヘラコウモリを見たい」という強い思いの理由は，前回のコスタリカの旅での出来事が関係しています。このときにもガイドさんに「白いコウモリが見たい」というリクエストをしていました。それが実現したのは旅の最終日，カラーラ国立公園でした。ガイドさんが指差す方向，高さ約 15 m のヤシの葉の裏に白いコウモリがいたのです（**写真 085**）。2 匹のコウモリは別々にヤシの葉に後肢を引っかけてぶら下がっていました。「やっとシロヘラコウモリに会えた」という満足感でいっぱいでした。しかし，帰国して調べてみるとなんだか変です。このコウモリはアルブシロサシオコウモリという別の種でした。もう 1 種，白いコウモリがいたのです。中央アメリカから南アメリカ北部の熱帯雨林に広く分布していますが，かなり珍しい種のようです。鼻と耳はピンク色で，鼻葉はありません。食性も主にガを餌としている昆虫食で，これもシロヘラコウモリとは違っていました。

科のレベルで異なる系統に属する 2 種のコウモリ。ともに体色が白いのは熱帯雨林における捕食者からのカムフラージュによるものでしょう。この収束進化には驚かされました。

22 ワニ – 最強の顎をもつ動物

ワニは眼と鼻孔だけが水面上に出るように一直線に並んでおり，水中生活に適応した体形をしています。長い顎(あご)には歯がびっしりと生え，尾は扁平で長く，四肢は短く胴体の横につき出ています。熱帯から亜熱帯にかけて 24 種が生息し，アリゲーター科，クロコダイル科，ガビアル科の 3 科に分けられています。

コスタリカの旅では 2 種のワニに出会うことができます。**写真**

写真 086 メガネカイマン

086 はアリゲーター科に属するメガネカイマン。眼の間に隆起があるのが名前の由来です。トルトゥゲーロ国立公園のリバークルーズで何度も見かけました。アリゲーター科のワニは比較的温和な性格のものが多いようですが，メガネカイマンも体長が 2.5 m と小型で，人を襲うことはほとんどありません。**写真 087** はクロコダイル科に属するアメリカワニ。レッドリストでは VU（危急）に分類されています。体長は 6 m にもなり，世界最大のワニの一種です。クロコダイル科のワニは一般に大型で気性が荒く，家畜や人を襲うことがあります。首都サンホセから南西 100 km に位置するタルコレス川にかかる橋の上は，多数のアメリカワニを見ることができる絶好のポイントです。

ガビアル科にはインドガビアル 1 種だけが含まれます。**写真 088** のように，顎が非常に細く長いのは，魚食性に特化している

写真 087　アメリカワニの集団（橋の上から）

からです。野生の生息数は2000頭以下と言われており，レッドリストではCR（深刻な危機）に分類されています。ネパールのチトワン国立公園のリバークルーズで幸運にも会うことができました。チトアン国立公園にはインドガビアルの繁殖センターが設置され，育てた個体を野生に放つ事業が行われています。**写真089**は飼育されている成熟雄です。上顎の先端が瘤（こぶ）のように盛り上がっており，この形状をした「壺（ガリアル）」がガビアルの名の由来です。

ワニの咬みつく力（咬合力（こうごうりょく））は動物界で最大です。最大種の咬合力は1700 kgに達し，ライオンやトラなどの大型哺乳類（450 kg）の4倍にもなります（ちなみに人は90 kg）。また，ワニの体重当たりの咬合力は，（インドガビアルを除いて）顎の形や餌の種類によらずどの種も同じです。ワニの下顎には大きな膨らみ（**写真086**の矢印）がありますが，これが顎を閉じるための筋肉です。咬

写真088　インドガビアル

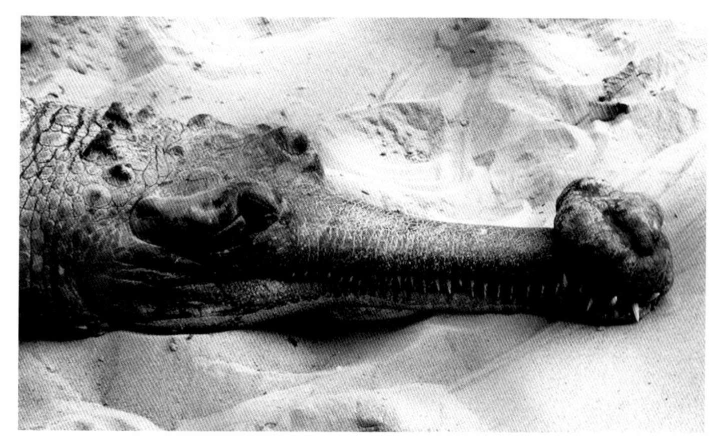

写真 089　インドガビアル（成熟雄）

合力の強い動物は，ふつう顎の上部の筋肉が発達しているのですが，ワニは顎の下部の筋肉を発達させました。水面下から獲物に忍び寄って跳びかかるワニの狩りでは，筋肉を水面下に隠しておいたほうが獲物に気づかれる心配が少ないからです。例外的に，インドガビアルの咬合力はワニの標準値の 50％しかありません。素早く逃げる魚を捕らえるために，咬合力を犠牲にしているのです。

最大の咬合力を示す動物と言えば，ティラノサウルスが思い浮かぶでしょう。その数値を推定するのにワニの測定値が用いられました。ティラノサウルスが属する恐竜類はワニと類縁が最も近く，恐竜の子孫である鳥類とあわせて主竜類（しゅりゅうるい）に属します。鳥類に顎はありませんので，その咬合力はワニの数値を用いて推定するのが最も合理的と言えます。推定されたティラノサウルスの咬合力は約 3600 kg。最大種のワニの 2 倍以上ありました。

23 熱帯雨林のカエルたち

カエルは両生類の無尾目に属しますが，最も大きな特徴はその名のとおり「尾がない」ことです。このほかにも，首がなく頭と胴体が連続していること，体が短いこと，後肢が非常に長いことなど，かなり変わった体形をしています。これらは全て「跳ぶための構造」です。跳躍するには尾が邪魔になり，後肢が長くなったのも大きな跳躍力を得るため，首がなく体が短いのは着地のときの衝撃に耐えるためでした。大きな跳躍力は外敵からすばやく逃げるために使われます。

写真 090　イチゴヤドクガエル

ここでは，コスタリカで簡単に出会うことができる美しいカエルを紹介しましょう。

写真 090 はイチゴヤドクガエル。体長 2.0〜2.5 cm とヤドクガエルのなかでも小型です。プリミオトキシンという神経毒をもちますが，この毒はカルシウムチャネルに作用して筋肉の収縮を阻害します。毒は自分でつくるのではなく，ダニやアリなどの餌から取り込んだものです。1 回の産卵数は 3〜17 個。雌雄が共同で子を保護する珍しい習性があります。落葉の下などに産んだ卵がふ化するまでは雄が守ります。卵がふ化すると，雌がオタマジャクシを 1 匹ずつ背中に乗せて水場へ運びます。その後，雌は 6〜8 週間もの間，水場を訪れて未受精卵を産み，餌として与えます。

写真 091 はマダラヤドクガエル。体長 2.5〜4.0 cm とやや大きく，黒地に入る緑の斑紋は個体ごとに異なっています。葉の付け根などの水たまりに 4〜6 個の卵を産み，ふ化したオタマジャクシ

写真 091　マダラヤドクガエル

を背中に乗せて適した水場に運ぶのは雄です。ハワイのオワフ島にも分布しますが，これは蚊の駆除のために人為導入されたものです。

南アメリカの先住民はヤドクガエルの毒を吹き矢の先に塗り，大型哺乳類や鳥類の狩猟に用いました。ヤドクガエルのカラフルな色彩は，鳥類などの捕食者に対して毒をもつことをアピールする警告色です。なかには 0.01 mg で人ひとりを殺すのに十分な毒をもつ種もいます。昼行性で，開けた林床で活動するのも毒をもつからです。

写真 092 はアカメアマガエル。ヤドクガエルと違って毒はありません。体長 3〜7 cm で，雄より雌が大型です。夜行性で，日中は葉に張り付いて休んでいます。四肢を体の下に入れ，眼を閉じ

写真 092　アカメアマガエル

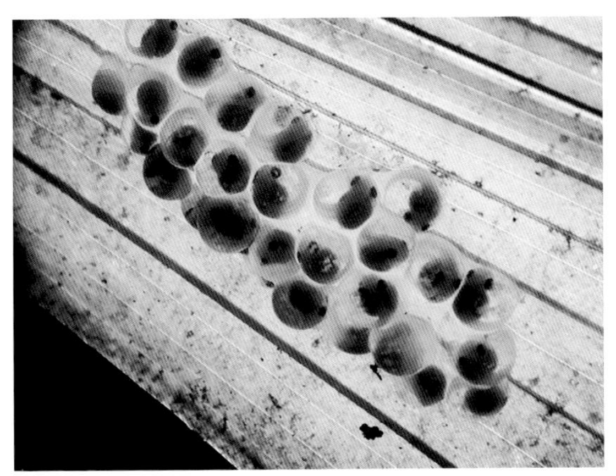

写真 093　卵の中のオタマジャクシ（アカメアマガエル）

ているので，葉に同化して目立ちません。驚かされると大きな赤い眼を開き，さらに鮮やかなオレンジ色の足，黄色と青の斑の脇腹を見せます。この派手な色彩は，捕食者を驚かせて捕食をためらわせ，その隙に逃げ出す効果があると言われています。**写真 093** は水場の上の葉に産み付けられた卵塊で，寒天質に包まれています。葉の裏側から光を当てると，中でオタマジャクシが発生しているのが見えました。オタマジャクシはふ化するとそのまま水場に落ちて生活します。

世界的にカエルの絶滅が心配されています。その大きな原因とされるのがカエルツボカビ症。ツボカビはカエルの体表に寄生して，皮膚呼吸や水の吸収を妨げます。ツボカビ症により，これまで 500 種以上のカエルが減少し，そのうち 90 種は絶滅したとされています。しかしこれは既知の種に限った数です。中南米の熱帯雨林では，これまでに記録されていない種も多く，これらが未確認のまま絶滅する可能性も高いのです。

24 ハキリアリ – 農業を営むアリ

緑色の切れ端が何列にもなって進んでいます。よく見ると赤褐色のアリが葉を運んでいるのです。葉を運んでいないアリは逆方向に向かっています。行列をたどっていくと巣穴があり，葉の切れ端がどんどん運び込まれています（**写真 094**）。このアリの名はハキリアリ。葉を餌にしているのではなく，葉にアリタケと呼ばれる特殊な菌を植え付けて増殖させ，それを食糧にしているのです。

ハキリアリは北アメリカの南東部から南アメリカにかけて約 250 種が知られています。一つの巣は，ただ 1 匹の女王と，数百匹から多いものでは数百万匹ものワーカーと兵アリで構成されています。ワーカーや兵アリは全て雌ですが，繁殖には参加しません

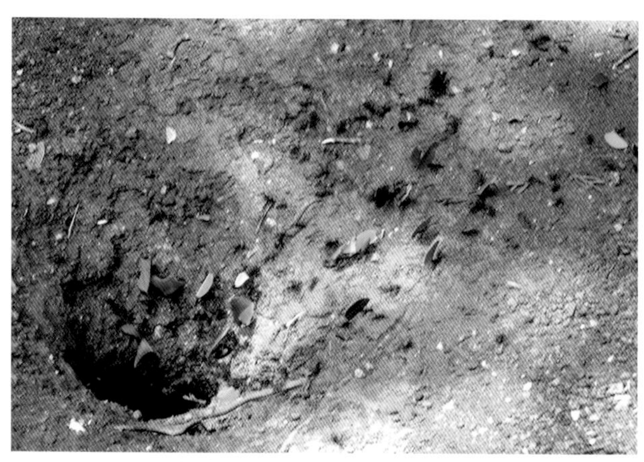

写真 094　葉を巣に運び入れる

(「11 セイドウシロアリ－巨大な塔の中の王国」参照)。一方，女王は20年もの寿命をもち，一生に2億個の卵を産みます。ワーカーや兵アリの体長は3～20 mmと大きなばらつきが見られますが，これは作業が細かい分業体制になっているからです。

硬い大きな葉を切り落とすのは大型のワーカーです(**写真095**)。切り落とした葉を巣に運んだり，巣と葉の間の道路を整備したりする役目もあります。小型のワーカーは切り落とされた葉を適当な大きさに切り分けます。大型の兵アリは巣を守ったり，葉を運搬するワーカーを外敵から守ったりします。最も小型の兵アリの役割は，葉を運んでいるワーカーに卵を産み付ける寄生バエをガードすることです。葉の上に乗っているため「ヒッチハイカー」と呼ばれていますが，体長は葉片を運んでいる大型のワーカーに比べて4分の1もありません(**写真096**)。

巣の中でもさまざまな分業が見られます。女王の世話や子育てに従事しているのは中型のワーカーです。また，葉が巣内に持ち込まれると，中型のワーカーが葉をかみ切って細かくします。小

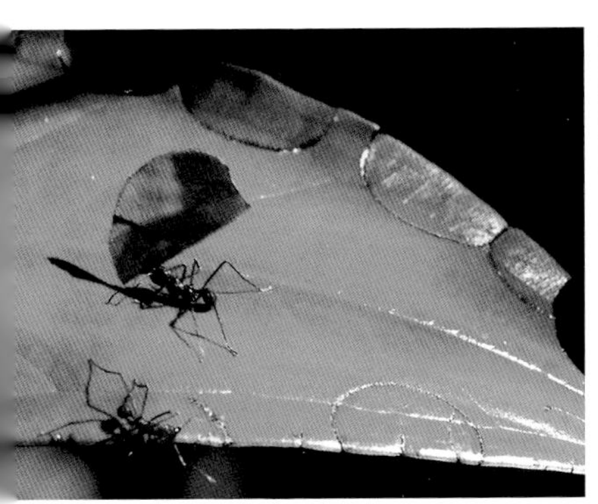

写真095 葉を切り取る

写真096 ヒッチハイカー(左)とワーカー(右)

写真 097　菌の栽培

型のワーカーは，菌園から菌糸の塊を抜き取って新しい葉に植え替える役目です。最も小型のワーカーは菌園をパトロールして菌の様子を調べ，よそものの菌が生えていたら取り除きます。**写真 097** は，モンテベルデのバタフライガーデンで展示されていた実物の菌園です。葉を細かくかみ切っているアリや，菌園の上で世話をしている多数のアリがいるのがわかるでしょうか。アリタケを育てる菌園の環境は，ワーカーによって適温，適湿に維持されています。アリタケはこのような環境でなければ増殖できないので，両種は緊密な相利共生の関係にあります。

ヒトが農耕を始めたのは紀元前 8500 年頃ですので，ハキリアリにとって競合する新参者が登場したのはずいぶん最近のことです。一方，この新参者にとってはハキリアリによる農業被害は甚大で，ハキリアリが生息するどの国でも駆除が行われています。例えばブラジルでは，国家予算の 10%がハキリアリ対策に費やされ，その防除法の開発には 1000 人もの研究者が従事しているそうです。

コラム ④　ヘビに擬態したイモムシ

チョウやガの幼虫であるイモムシは，体の側面に「眼状紋」と呼ばれる模様をもつ種が多い。「ヘビに擬態している」とも言われているが，真偽のほどは不明である。しかし，サラピキの森で見つけたイモムシ（*Hemeroplanes triptolemus* というスズメガの幼虫）の擬態の徹底ぶりには驚かされた。

植物の上で摂食しているときはふつうのイモムシと何ら変わりはない（**写真上**）。ところが攻撃されて腹部を見せたときに，ヘビの姿が現れるのだ（**写真下**）。体の腹面だけが褐色をしており，頭部のやや後方には黒い模様がある。胸部を大きく膨らませると目玉模様が現れ，ヘビの頭部に早変わりする。さらに頭部を持ち上げて振りかざすと，ヘビが鎌首を持ち上げている姿にそっくりである。イモムシの天敵は鳥やカエル，トカゲなどであろう。ヘビはそれらの天敵である。つまり，このイモムシは自分の天敵の天敵に擬態することで，天敵を撃退する方法を身につけたのだ。

このイモムシの体長は 10 cm 以上もあり，昆虫の幼虫としては最大級と言っていい。体が小さいとヘビに擬態したときの効果は期待できないので，この大きさは重要である。しかし，これは最終齢になったときのこと。例えば，ハナカマキリはランの花に擬態しているが，ふ化したばかりのときはカメムシの幼虫によく似ている。このイモムシは若齢時にはどのような色彩をしているのだろうか。生活史の解明が待ち遠しい。

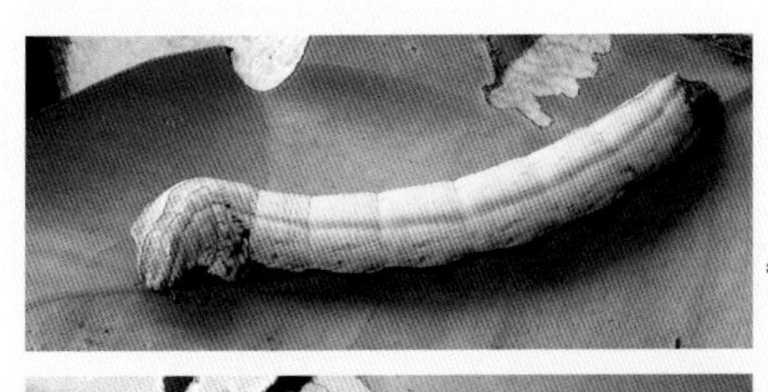

背面

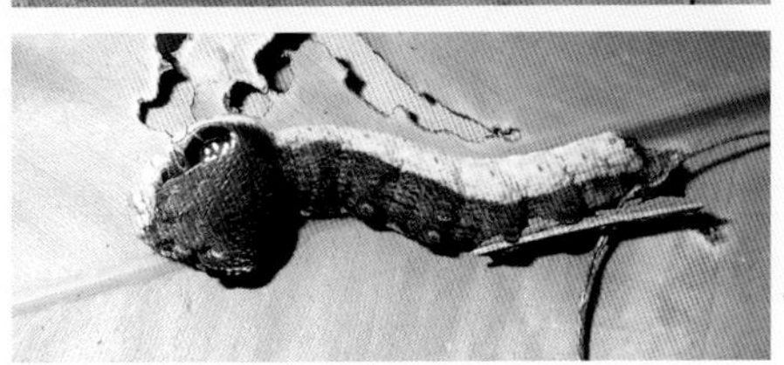

腹面

コラム ⑤　モンテベルデでスカイトレック

モンテベルデはスペイン語で「緑の山」を意味する。標高 1400〜1800 m に位置し，カリブ海と太平洋の両側から湿った風が吹き付けるために大量の雲が発生し，湿潤で緑豊かな雲霧林を形成している。

1951 年，朝鮮戦争の兵役を拒否した 41 人のクエーカー教徒たちが，理想郷を求めてこの地に移住してきた。彼らは森林を伐採して酪農中心の農業を始めたが，水源確保のために森林の 3 分の 1 はそのまま残すことにした。その生態系は研究者に注目されることとなり，自然を楽しむために観光客が訪れるようになった。観光で得られた収益は保護区の拡大・整備に充てられ，環境の保全と観光の持続可能性を追求するエコツーリズムの考え方が育まれていった。このようにしてモンテベルデはエコツーリズムの聖地となった。

モンテベルデにはワイヤーを伝って木々の間を移動する「スカイトレック」というアトラクションがある。もともとは森を守るレンジャーや林冠を調査する研究者が使っていたものが改良され，観光客のためのアトラクションとなった。森の中に 18 のプラットホームが設けられ，その間にワイヤーが張られている。ヘルメットと厚手の皮の手袋，ロッククライミング用の装置を装着したら，滑車をワイヤーに引っかけて，次のプラットホームに向かって勢いよく飛び出すのだ。スリル満点の空中移動。眼下には広大な雲霧林の林冠が広がっている。

スカイトレック

第5章

北アメリカ

N. P. : national park.

25 アメリカバイソン
― 大草原のシンボル

イエローストーン国立公園の北のゲートをくぐり，マンモス・ホットスプリングを左に折れて2時間ほどのドライブでラマーバレーに到着すると，アメリカバイソン（以下，バイソン）の大集団が出迎えてくれました。雄と雌は普段，小さな群れに別れて生活していますが，繁殖期にあたる夏には大集団をつくるのです（**写真098**）。

バイソンは北アメリカの大草原のシンボルとも言える動物で，レッドリストではNT（準絶滅危惧）に分類されています。体重は雄で460～990 kg，雌で360～540 kg。肩部は盛り上がり，頭部および前肢は黒くて長く縮れた毛に覆われています。太く湾曲した角は60 cmほどで，先が鋭く尖っています（**写真099**）。成獣は1頭でも十分にオオカミやヒグマなどの大型の捕食者と対峙することができ，捕食者の犠牲になるのは年老いた個体や病気の個体，

写真098　ラマーバレーのアメリカバイソンの群れ

幼獣に限られます。**写真 100** は道路を渡っている雌と子の群れで，このために公園内のハイウェイではしばしば大渋滞が起こります。雌は９か月の妊娠期間を経て，１頭の十分に成長した子を出産します。幼獣の体色は明るい茶色で角も生えておらず，ウシの子にそっくりです。

写真 099　雄

写真 100　道路を渡る雌と子

白人が入植する以前，バイソンはアメリカ全土に3000～6000万頭が生息していました。アメリカ先住民は弓矢による伝統的な狩りを行い，肉だけでなく，毛皮は衣服や靴やテントなどに，骨は矢じりに利用し，生活の全てをバイソンに依存していました。この頃はバイソンの増加率と狩猟圧の間にバランスがとれていたと考えられます。

18世紀に白人による猟銃を使用した狩猟が始まり，バイソンの生息数は急激に減少していきました。1860年代には大陸横断鉄道が開通して，肉や毛皮の大規模な輸送が可能になり，娯楽のための狩猟ツアーも開催されるようになって，バイソンは壊滅的な打撃を受けました。それでもアメリカ先住民への支配のために，彼らが生活の糧とするバイソンは徹底的に殺されていきます。ようやく保護の機運が持ち上がったとき，バイソンの個体数は1000頭未満になっていました。イエローストーン国立公園（1872年設立）内で生き残っていたのは，わずか20数頭（1902年）であったと言われています。

その後の保護活動によって，1970年にはバイソンの個体数は各地の保護区を合わせて15000～30000頭にまで回復しました。イエローストーン国立公園内には現在2300～4500頭が生息していると推定されています。

2016年5月，オバマ大統領はバイソン遺産法を成立させ，バイソンを「国の哺乳類」に指定しました。ナショナル・ジオグラフィック・ニュース（2016. 05. 12）の記事は「（バイソンを）アメリカ合衆国の国鳥であるハクトウワシと同等の扱いにすることは，あまり語られたことのないこの国の歴史の一部を公に認めることでもある」と結んでいます。バイソンは草原のシンボルから，国のシンボルになったのです。

26 シカと捕食者の二つの物語

まずカイバブ高原における物語から始めましょう。主役は北アメリカの西部でふつうに見られるミュールジカ。耳がラバ（ミュール）に似ていることから名付けられました。ニホンジカほどの大きさで，尾の先端が黒いのでクロオジカとも呼ばれています（**写真101**）。

カイバブ高原では，昔から約4000頭のミュールジカ（以下，シカ）とその捕食者であるコヨーテ（**写真102**）やピューマ，ハイイロオオカミ（以下，オオカミ）などが共存していました。ところが，1907年頃から人間がこれら捕食者の全滅作戦を開始します。その後18年間で殺されたコヨーテは約3000頭，ピューマは674頭にもなりました。オオカミは11頭が殺され，この地域では絶滅してしまいました。捕食者の減少につれてシカの個体数は急激に

写真101　ミュールジカ

写真102　コヨーテ

増えていき，1925年には10万頭に達しました。増加したシカは草を食い尽くして草原を荒廃させ，極端な食物不足に陥って15年後の1940年には1万頭にまで減少してしまったのです。

後年の研究から，カイバブ高原で生息できるシカの個体数（環境収容力と言います）は約3万頭と推定されています。捕食者の除去が始まる前のシカの個体数は，環境収容力よりずっと少なく，捕食者の存在がシカの個体数を調節していたのでした。

同じような物語がイエローストーン国立公園でも繰り広げられています。ただし，登場者を少し変えて。物語は現在進行中ですが，良い結果が期待できそうです。

イエローストーン国立公園で最後のオオカミが殺されたのは

写真103　アメリカアカシカ

1926年でした。その後すぐに，オオカミの獲物になっていたアメリカアカシカ（以下，アカシカ）（**写真103**）が増加し始めます。オオカミが担っていた役割の一部はコヨーテが果たすようになりましたが，小型のコヨーテにとってアカシカの成獣を襲うのは無理でした。アカシカはミュールジカに比べて体重が3倍以上もあり，コヨーテには全く手に負えないのです。オオカミと並んでイエローストーンの生態系の頂点にいるハイイログマは雑食性で，アカシカの成獣を襲うことはほとんどありませんでした。いずれの捕食者もアカシカの個体数の増加を抑えることができず，数倍に増加したアカシカによって植生は荒廃していきました。一方，コヨーテはオオカミがいない環境で個体数を増加させ，コヨーテが餌としているジリスやマーモットなどの小動物が減少していきました。コヨーテよりも小さな捕食者であるアカキツネも減少しました。イエローストーンの生態系は大きく変貌してしまったのです。

1995年，アメリカ連邦政府はオオカミの「再導入」を開始します。オオカミの絶滅から70年がたっていました。カナダからイエローストーンに野生のオオカミ31頭が運ばれて放たれ，5年後には100頭にまで増加しました。2016年には108頭が生息し，11の群れが確認されています。今回の私たちの旅では，残念ながら野生のオオカミを見ることはできませんでした。**写真104**は近くの飼育施設で撮ったものです。

四国の半分ほどの広さをもつイエローストーン国立公園。ここに生息しているオオカミの個体数は少ないようにも思えますが，この「再導入」には目を見張る効果がありました。1990年代には2万頭にまで増加したアカシカは，2016年には5000頭ほどに減少しました。オオカミによる捕食の効果だけでなく，アカシカはオオカミに狙われにくい場所で生活するようになり，アカシカの食

写真 104　ハイイロオオカミ（飼育個体）

害を受ける地域が制限されて植生は大きく回復しました。その結果，ほとんど見かけなくなっていたビーバーが水辺に現れてダムをつくり，水鳥や川魚などが増加しました。コヨーテもオオカミに殺されて減少し，多くの小動物が確認されるようになりました。イエローストーンの生物多様性が取り戻されたのです。

食物連鎖の最上位にあり，生態系のバランスを保つのに重要な役割を果たしている種を「キーストーン種」と呼びます。キーストーンとはアーチ状構造をした建築の頂上部分に置かれた「要石（かなめいし）」のこと。周囲の建材が崩れないように締める役目をしており，これがないと積み重ねた石がばらばらに崩れてしまいます。オオカミはイエローストーン国立公園の生態系において，キーストーン種としての役割を担っているのです。

27 プロングホーン
– 世界で2番目に足が速い動物

まず,「チコちゃんに叱られる！」(NHK 2019年5月24日放送) の場面から。「世界で1番足が速い動物はチーター。では，2番目は？」とチコちゃんが岡村さんに尋ねています。「1位は誰でも知っているけれど，2位にはとんと無頓着」と，いつものナレーション。でも，読者の皆さんは大丈夫でしょう。何故って。答はタイトルに書かれていますから。

プロングホーンとはどんな動物なのでしょうか。エダツノレイヨウとも呼ばれ，アメリカ西部の草原に生息しています。体重36～60 kg，ニホンジカを一回り小さくしたくらいです。雄にはシカのような立派な角がありますが (**写真105**)，雌の角は非常に短く，

写真105　プロングホーン (雄)

頭部が少し盛り上がっている程度です（**写真106**）。走行速度は最高時速96 kmに達し，時速70 kmで6 km以上の距離を走り続けることができます。チーターが最高速度を維持できるのはせいぜい500 mですから，長距離走では断然プロングホーンの勝ちです。何故こんなに速く走ることができるのでしょうか。「チコちゃん」の番組のなかでは，「チーターも北アメリカに生息していたことが判明しており，プロングホーンはチーターから逃げ切るためにこの走力を獲得した」と説明されていました。

さて，今度は三択の問題です。プロングホーンに近縁の動物は，① シカ，② レイヨウ，③ どちらでもない，のどれが正解でしょうか。

① のシカの例として，もう一度アメリカアカシカに登場してもらいましょう（**写真107**）。シカの角は毎年生え変わり，抜け落ちたあと生えてくる角は「袋角」と呼ばれます。**写真107**のように，毛の生えた皮膚が角を覆っており，その内側にある血管が栄養を補給して骨質が形成されます。角が十分に成長すると皮膚がはが

写真106　プロングホーンの雌と子

写真 107　アメリカアカシカ（雄）

写真 108　グラントガゼル（雄）

れて骨質の角になります。シカの仲間の雄は枝分かれした立派な角をもちますが，プロングホーンも枝分かれした角をもち，シカと同じように毎年生え変わります。しかし，この角は骨質の角ではなく，レイヨウと同じような角質の鞘でできているので，シカの仲間ではありません。

② のレイヨウの例として，東アフリカに生息するグラントガゼルを見てみましょう（**写真 108**）。プロングホーンとほぼ同じ大きさで，体形もよく似ています。しかし，角は枝分かれしておらず，一生生え変わることはありません。プロングホーンはエダツノレイヨウの名はありますが，レイヨウの仲間ではないのです。

したがって，③ が正解です。シカやトナカイなどはシカ科に属し，シカ科には 36 種が含まれます。また，レイヨウはアメリカバイソンなどとともにウシ科に属し，ウシ科は約 140 種を含む大変に大きな科です。一方，プロングホーンはプロングホーン科に属しますが，この科に属する現生種はただ 1 種だけ。プロングホーンは非常に珍しい動物なのです。

28 ロッジポールパイン – 森林の更新

ロッキー山脈の東側，標高 2000〜2400 m の山腹に広がるイエローストーン国立公園。イエローストーンの名は大峡谷の断崖の岩の色が黄色であることに由来します（**写真 109**）。この色は熱水によって変色した鉄分の色だそうです。山腹には針葉樹林が延々

写真 109　黄色の断崖とロウアー滝

と続いていますが，その8割は幹が真っすぐに伸びたロッジポールパインです。溶岩や火山灰土からなる土壌は痩せているので，他の針葉樹はほとんど生えないようです。この松がロッジポールと呼ばれているのは，アメリカ先住民が円錐形の小屋を建てるとき，真っすぐ伸びた幹を束ねて支柱にし，その上を布や皮で覆ったことによります。

公園内には山火事による黒く焼け焦げた幹と倒木がいたるところに見られます（**写真110**）。原因の多くは落雷によるもので，公園管理局は「山火事も自然現象の一つ」との考え方から，人為的な消火は一切行っていません。野生動物が巻き込まれて死亡することもありますが，助けるようなこともありません。

ロッジポールパインは山火事に対する驚くべき適応力をもっています。2種類のマツカサをつくるのです（**写真111**）。一つは2

写真110　山火事跡

年目になるとはじけて種子をまき散らすふつうのマツカサ。もう一つはマツヤニで堅く殻を閉じ，20 年間も枝についたままで過ごすことができる耐火性のマツカサ。こちらは山火事で高温にさらされたときにだけヤニが溶けて，種子をまき散らします。ただ，2 種類のマツカサが形態的に異なっているかどうかは残念ながら確認できませんでした。

山火事の後，ロッジポールパインが芽吹いて成長し，森林が再生され始めている場所もありました（**写真 112**）。倒木によって林床が明るくなると，芽生えの成長が促進されます。この松の成長は速く，10 年後には大人の背丈ほどに育ちます。立ち枯れて残った木は鳥たちの巣づくりの場所となり，焼け焦げて倒れた木は土に戻って分解され，幼木の栄養分となります。

公園内には，成熟したロッジポールパインが森林を形成してい

写真 111　若いマツカサ

写真 112　ロッジポールパインの再生

る場所だけでなく，山火事によって幹が焼け焦げた木が転がっている場所，種子が芽吹き始めた場所，幼木が成長している場所など，さまざまな段階の植生がモザイク状に広がっています。そして，それぞれの場所は，多くの種類の動物にそれぞれ適した生息地を提供しています。山火事は森林の更新にとって極めて重要な役割を担っているのです。

コラム ⑥　七色に輝くグランド・プリズマティック・スプリング

1872 年に世界初の国立公園として誕生したイエローストーン国立公園は，1978 年には最初の世界遺産として登録された。訪問客は年間 300 万人を超え，最も人気のある国立公園の一つである。総面積 9000 km^2 と四国の半分ほどの広さの中に，さまざまな魅力が備わっている。豪快に吹き上がる間欠泉，石灰分が沈殿してできた白い階段状のテラス，イエローストーンの名前の由来となった黄色い峡谷と雄大な滝。河が蛇行する平原には多くの野生動物が生息し，広い湖では訪問客は釣りやレイククルーズを楽しむことができる。

そのなかでも印象的なのは，グランド・プリズマティック・スプリングであろう。青・緑・黄・オレンジ・赤・茶の色彩の妙は，光学プリズムの白色光から虹色への変換を想起させ，その名の由来となっている。直径 113 m，深さ 48m と公園内で最大の大きさを誇り，背後の山頂からでないと同心円状の全景を見ることはできない。2016 年に，ここを訪れたときには山頂への登山が禁止されており，とても残念であった。

泉の色彩はバクテリアマットに生息する好熱細菌によるものである。中央部分はバクテリアが棲めないほどの高温のために透明な青。周囲にはそれぞれの水温に適した種がもつ特有の色彩が現れる。世界で初めて好熱細菌が発見されたのはイエローストーンであった。以来，原始の地球環境と似た環境に生息する好熱細菌は，生物進化の謎を解き明かす格好の材料として，精力的に研究が進められている。

グランド・プリズマティック・スプリング

第6章

海の生きものたち

29 ジュゴン – 浅く暖かい海で生きる

人魚伝説のモデルとも言われるジュゴン。飼育されている個体は世界でわずか5頭。日本では，鳥羽水族館でセレナ（メス，2020年現在34歳）に会うことができますが，他では，シンガポール，インドネシアに各1頭，オーストラリアに2頭いるだけです。ジュゴンはこんなに希少な動物ですが，野生のジュゴンといっしょに泳ぐことができる海があると知り，早速出かけました。

行先はフィリピンの秘境中の秘境ブスアンガ島。日本からセブ空港までは5時間ですが，フライトの都合上ここで1泊が必要でした。翌朝，ブスアンガ島まではプロペラ機で1時間。目的地が近づき機体が高度を下げると，眼下には緑の樹木に覆われた島々と熱帯の青い海が広がっていました。滑走路と小屋のような建物以外には何もない飛行場から，車とボートを乗り継いで，ようやく滞在予定のホテルに到着しました。

翌日，ジュゴンの生息地まではボートで3時間。早速ダイビングと思いきや，順番待ちです。1頭のジュゴンに対して，ガイド1人と4名までのグループが30分だけ一緒に泳ぐことが許可されているのです。やっと順番になり，はやる心を抑えて海に入りました。ジュゴンがいる場所までしばらく水面を泳いで移動し，そこでダイビング。水深は5～8 m程度で水中は明るいのですが，ジュゴンが巻き上げる砂で透明度はあまりよくありません。しばらくすると，採食中のジュゴンが突然目の前に現れました。

ジュゴンは体長2.5～3.0 m，体重250～600 kg。紡錘形の体形でかなりでっぷりしています（**写真113**）。前肢はひれになり，内部には5本の指があります。後肢は消失していますが，体内には小さな骨が存在します。尾びれは三日月形であることがわかります（砂地に映る影に注目）。同じ仲間であるマナティの尾びれは扇のように丸いので，両種は容易に区別できます。**写真114**はジュゴンの顔。なんとも茫洋（ぼうよう）としています。先端に鼻があり，大きな丸い二つの穴は水中では弁の蓋のように閉じられています。そのずっと後ろにまぶたのない小さな眼があり，その後方のさらに小さな穴（細長い白い傷の前方）が耳で，耳殻はありません。**写真115**は腹側から見たところで，口元はしわが多数入った顔面盤が左右に広がり，その下には餌を食べるときに使う咀嚼（そしゃく）板がありま

写真113　息継ぎしようとするジュゴン

す。2本の「牙」(切歯) も見えるので，この個体は成熟した雄でした。

一生を水中で過ごすジュゴン。しかし，クジラやイルカとは違った系統に属します。クジラやイルカなどは，ウシやラクダなどの偶蹄目に近いのですが (カバに最も近いことが遺伝子解析から判明しました)，ジュゴンはマナティとともに海牛目に分類され，ゾウと共通の祖先をもちます。完全な植物食で，アマモなどの「海草」を食べます。海草はコンブやワカメなどの「海藻」ではなく，陸上に進出した植物が内湾や干潟などで再び海の生活に戻ったもので，葉・茎・根が分化し，花を咲かせる被子植物です。ジュゴンが1日に食べる海草の量は体重の約10%，1年間で10トンが必要です。ジュゴンが生きていくには，広くて穏やかで浅い

写真114　ジュゴンの顔

写真 115　顔の正面

海がなくてはなりません。

世界におけるジュゴンの生息数は約 10 万頭と言われており，レッドリストでは VU（危急）に分類されています。オーストラリアに 77000 頭，アフリカ東岸に 10000 頭，アラビア海に 7000 頭などで，東南アジアではわずか 100 頭と推定されています。ジュゴンの寿命は 50 年以上。しかし，成熟までに 15～17 年かかり，一度に 1 頭の子しか出産せず，出産間隔は 3～7 年なので，一生に出産できる子の数は 6 頭にすぎません。自然増加率が非常に低いので，生息環境の悪化や捕獲などの圧力が強まると，急速に個体数が減少する危険性があるのです。

30 ココナッツオクトパス
－「道具」を使うタコ

1960年代に野生のチンパンジーで道具の使用が初めて報告され，道具を使うのはヒトだけではないと考えられるようになりました。しかし，現在でも，道具を使用する動物として認められているのは霊長類と一部の鳥類だけです。道具を使うというのは，手（身体）の器用さとともに高い知性を必要とする難しい行動です。杉山幸丸さんは，道具の定義を「自分の身体以外の物体をその本来の位置から取り出し，身体で操作することによって，それなしではできない目的を達成する（物体）」と記しています。

野生のチンパンジーがシロアリやアリを釣るとき，道具を使用する話はよく知られています。まず，太く長い棒で巣を掘り崩し，次に先端を房状にした細い棒にシロアリやアリを這い上がらせて捕らえます。このとき，二つの道具が目的を理解したうえで順序正しく使用されています。また，チンパンジーは堅い木の実を割るとき，平たい石の上に木の実を置いて，もう一つの石（ハンマー）を握りたたきます。このとき二つの石（道具）が同時に使用されており，台石，木の実，ハンマーの三者の関係が正しく理解されている必要があります。この行動では，初めて割れるようになるのが3～4歳，効果的にできるようになるのは10歳まで待たなければならないと，杉山さんは述べています。

ササゴイ（鳥類）の投げ餌漁も有名です。樋口広芳さんによると，ササゴイは昆虫（生き餌）や木の葉やパンくず，羽毛（疑似餌）をくわえて木の陰で待ち，魚が射程距離に近づいたときそれを投げます。魚がその餌に反応し油断した隙に跳びかかり，捕獲しま

写真 116　爪先立ちで貝殻を運ぶ

す。何が疑似餌として有効か，どこまで魚が近づいたら餌を投げるか，まさに考えて道具を選び，使用しているようです。ササゴイの幼鳥も投げ餌漁をしますが，成功することはまずありません。その理由は，選ぶ餌が適当ではないこと，自分の姿が見えていて魚に警戒されることです。投げ餌漁には「経験と学習が必要である」と樋口さんは述べています。

さて，ココナッツオクトパスの登場です。このタコを初めて見たのはスラウェシ島のレンベ海峡でした。日本にも生息しており，眼の両側が白いことからメジロダコの名があります。**写真 116** のように，貝殻や二つに割れたココナッツの殻を体の下にもち，つま先立ちで運びます。気に入った場所が見つかると，殻を組み合わせて中に収まります（**写真 117**）。ガラス瓶を見つけたタコは中

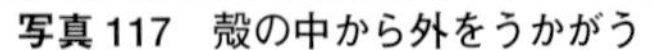

写真 117　殻の中から外をうかがう

写真 118　ガラス瓶に入ろうとする

に入ろうとしましたが（**写真 118**），居心地が悪いのか結局利用しませんでした。ココナッツの殻や貝殻を持ち歩いて隠れ家として利用するのは，サンゴや岩が少ない海底で，魚などの天敵から逃れるためと考えられています。

「ココナッツオクトパスは道具を使う高等動物の仲間入りをした。無脊椎動物として初の快挙だ」と述べている研究者もいますが，はたしてこれは道具の使用と言えるのでしょうか。多くのタコで，自分の棲みかの入り口を石で塞ぐという行動が知られています。しかし，これは道具の使用には当てはまりません。ココナッツオクトパスが持ち歩いているココナッツの殻や貝殻を道具と呼ぶには，これから多くの観察やそれに基づく議論が必要でしょう。

31　似ていない親子

サンゴ礁のダイビングでは，沢山の色とりどりの魚に出会います。少しずつ名前を覚えようとしましたが，初めのうちは本当にキリがありませんでした。ダイビングで見ることのできる魚は何種類くらいいるのでしょうか。インターネットの「南国ダイビングワールド」の魚図鑑のサイトには，なんと1690種が掲載されています。愛用している『フィッシュウオッチング500』という魚図鑑では，ダイビングで目にする可能性の高い魚がおよそ500種選ばれています。

魚の名前を覚えようとするときに困ったことの一つは，親と子で見た目が全く違っている種が多いことです。魚は成長に伴って，色彩や形態が変化することが少なくありません。偶然，中間段階の個体を見つけたときは，変化の様子が理解できるので大変うれしいものです。

さて，ここで親子当てクイズに挑戦して下さい。**写真119**～**写真124**に6種の成魚を示しました。**写真125**～**写真130**のどれがそれらの幼魚でしょうか。

写真119はイロブダイ，**写真128**が幼魚です。性転換する魚で，青緑にピンクの斑紋をもつのは雄です。幼魚からまず雌（**写真131**）になり，その後雄になります。幼魚はサンゴ礁の内側の石と砂が混じったガレ場にいることが多く，かわいくて大変目立ちます。

写真120はタテジマキンチャクダイ，**写真127**が幼魚です。成魚は頭部から尾にかけて縞模様があるので「タテジマ」です。幼

写真 119　イロブダイ（雄）

写真 120　タテジマキンチャクダイ

写真 121　ツユベラ

写真 122　アカククリ

写真 123　チョウチョウコショウダイ

写真 124　オビテンスモドキ

写真 125

写真 126

写真 127

写真 128

写真 129

写真 130

魚はブルーの地に白い渦巻模様があり大変綺麗ですが，サンゴの陰や岩の隙間に隠れているため見つけるのが困難です。

写真 121 はツユベラ，**写真 125** が幼魚です。成魚は体の中ほどから後半部にかけての小さな青点と尾びれの黄色が目立ちます。ヒントのために，幼魚は少し成長して黄色の尾びれと体の青点が現れ始めた個体を選びました。もっと小さいときは，真っ赤な体に五つの白色斑，白い尾と，目立つ色彩をしています。

写真 122 はアカククリ，**写真 130** が幼魚です。名前の由来は幼魚の色彩によるもので，黒い体にオレンジの縁取りが鮮やかです。成魚はドロップオフを自由に泳ぎ回っていますが，幼魚は岩の奥やサンゴの割れ目に潜んでいます。長いひれをくねらせる幼魚独特の動きは，有毒のヒラムシへの擬態と言われています。

写真 123 はチョウチョウコショウダイ，**写真 126** が幼魚です。幼魚が頭を下にして，ひらひらと蝶が舞うように泳ぐことから名付けられました。幼魚は薄茶色の地に七つの大きな白斑の模様がありますが，成魚は黄色の地に小さい黒点の模様です。幼魚から成魚への模様の変化は興味深いところですが，**写真 132** の若魚に

写真 131　イロブダイ (雌)

写真 132　チョウチョウコショウダイ (若魚)

出会ってやっと納得しました。成長するにつれて大きな白斑の部分に黒点が現れるのです。

写真124はオビテンスモドキ，**写真129**が幼魚です。幼魚で角のように見えるのは長く伸びた背びれで，色といい形といい海藻の切れ端そっくりです。海藻が波に揺られているような動きをしていますが，近づくと一瞬でひれを倒して逃げます。

魚類の親と子では，なぜこんなにも色彩や形態が違うのでしょうか。ここで紹介した6種では，子のほうが親に比べて変わった形をしたものや派手な色をしているものが多いことに気付かれたでしょうか。これは「捕食者への対策」と考えられます。体が小さく遊泳力のない幼魚は，多くの生物が生息するサンゴ礁で常に捕食者から狙われています。そこで岩の隙間に身を隠したり，海藻の切れ端に化けたり，「自分はまずいよ」とアピールしたりと，さまざまな工夫をしているのです。

もう一つの理由は「成魚との競争を緩和するため」と考えられています。サンゴ礁ではなわばりをつくって餌を確保する魚が多くいます。幼魚が成魚のなわばりに侵入したとき，よく似た色彩をしていると激しく攻撃されて追い出されてしまいます。成魚のなわばりのなかで攻撃を避けて餌を得るために，体の色彩を大きく違えているのです。

大型で目につく成魚に比べて，幼魚や若魚に出会える機会はあまり多くありません。まだ見たことのない幼魚に出会うのを楽しみに，ダイビングを続けています。

32 フグに擬態するカワハギ

皆さんは「フグ」と聞いて何を思い浮かべますか。「腹部を膨らます」，「美味しい」，「毒があり危険」などでしょうか。フグの語源は「膨らむ」とされています。敵を威嚇するために胃に空気や水を吸い込んで，体の体積を2倍以上にすることができます。高級魚のトラフグは確かに美味しいのですが，卵巣や肝臓に毒をもつので，食べるのは危険を伴うこともよく知られています。フグによる中毒は年間で平均20件以上発生しており，最近の10年間（2008～2017）で6名の死者が出ています。

写真133　ノコギリハギ

フグがもつ毒はテトロドトキシン（TTX）と呼ばれ，毒性は青酸カリの800倍を超えます。TTXは神経細胞や筋細胞のナトリウムチャネルに結合して活動電位の発生を抑え，呼吸を担う筋肉の収縮を阻害します。つまり，呼吸困難になって死亡するのです。TTXはもともと細菌が生産したもので，餌である貝類などを通して濃縮され，体内に取り込まれたと考えられています。フグにもTTXの影響がないわけではなく，他の生物と比較して耐性が極めて高いだけのようです。

さて，フグに擬態するカワハギの話です。**写真133**はノコギリハギ，**写真134**はその擬態相手（「モデルと言います）のシマキンチャクフグ。両種とも体長は8 cmほど，体形も模様もそっくりに見えますが，よく見ると違いがあります。まず，背びれと尻びれ

写真134　シマキンチャクフグ

（**写真133**，**134**の矢印）はノコギリハギのほうが大きく，それぞれ背中と腹部のほぼ半分を占めるのに対して，シマキンチャクフグのほうは大変小さく，体の後方に申し訳程度についています。この違いは明らかですが，透明なのでほとんど目立ちません。二つ目の違いは頭部の棘（とげ）です。カワハギの仲間であるノコギリハギには頭部に1本の太い棘がありますが，シマキンチャクフグにはありません。しかし，他のカワハギは棘を直立させているのに対して，ノコギリハギは後ろに倒しているので目立ちません（**写真133**の太い矢印）。

両種がこれほどよく似ているのは，「無毒のノコギリハギが有毒のシマキンチャクフグに擬態して捕食者から身を守っているから」と考えられています（「ベーツ型擬態」と言います）。はたしてこれは本当なのでしょうか。

擬態が成り立つためには捕食者の学習が必要です。トラフグの毒は主に卵巣や肝臓にあるので，これを食べた捕食者は死んでしまいます。死んでしまっては「毒でひどい目にあった」という学習が成り立たず，トラフグの姿を見た捕食者が襲うのをやめるようなことはないはずです。何より大型のトラフグの捕食者など，ほとんど存在しないでしょう。

このような疑問は，日本大学の糸井史朗さんらが行った実験によって氷解しました。ふ化したばかりのトラフグの幼魚を捕食者であるヒラメやスズキ（の幼魚）に与えると，食いつくもののすぐに吐き出してしまいました。一方，メダカを彼らに与えた場合には全て食べてしまいました。なぜ吐き出したかというと，トラフグの幼魚は皮膚にTTXをもっていたからです（成魚の皮膚にはTTXが含まれていないので，私たちは安心して「皮」を食べている訳です）。このようにして，トラフグの幼魚に対する学習が成立

写真 135　コクハンアラ（幼魚）

することが示されました。トラフグが肝臓や卵巣に TTX を蓄積するのは幼魚のためなのです。

では，シマキンチャクフグはどうでしょうか。シマキンチャクフグは（成魚も）皮膚に TTX をもっていることがわかりました。したがって，捕食者は危険性を学習しているはずであり，擬態したノコギリハギもその恩恵に預かっていると考えられます。

この擬態の話にはまだ続きがあります。**写真 135** はコクハンアラの幼魚です。成魚になると模様が消え茶褐色の体色になりますが，幼魚の模様はシマキンチャクフグによく似ています。しかし，この幼魚の体長は 40 cm ほどもありました。これもやはり擬態なのでしょうか。魚の世界はまだまだわからないことが多いのです。

33 バンカイ・カーディナルフィッシュ
― 口内保育する魚

カーディナルフィッシュ（和名でテンジクダイ）の仲間は小型で目立たないものが多く，ダイビングではほとんど注目されません。しかし，本種は違います。体長は 7 cm と小型ですが，クリーム色の地に明瞭な 3 本の黒帯をもつ体色に，白色や青色の斑点が数多く入った長いひれをもち，エンゼルフィッシュのような姿をしています（**写真 136**）。水族館やペットショップでも見かける人気の魚で，「アマノガワテンジクダイ（天の川天竺鯛）」という美しい和名が付けられており，レッドリストでは EN（危機）に分類されて

写真 136　エンゼルフィッシュのような姿

います。

テンジクダイの仲間は雄が口内保育する習性をもっています。雌が産んだ卵を雄が受け取り，仔魚がふ化するまで口の中で保護します。これは子孫を多く残すための一つの戦略です。一定のエネルギーを卵の生産に割り当てる場合，二つの戦略が想定されます。その一つは，小さな卵を多数産卵し，そのうちどれかが捕食を逃れて生き残るというやり方。これを小卵多産型と言います。二つ目は，大きな卵を少数産卵し，親が保護することで生き残る確率を高めるやり方。これを大卵少産型と言います。口内保育するテンジクダイの仲間は大卵少産型の戦略をとっており，最も死亡しやすい卵の時期の生存率を高めていると考えられます。

バンカイ・カーディナルフィッシュは，テンジクダイの仲間で

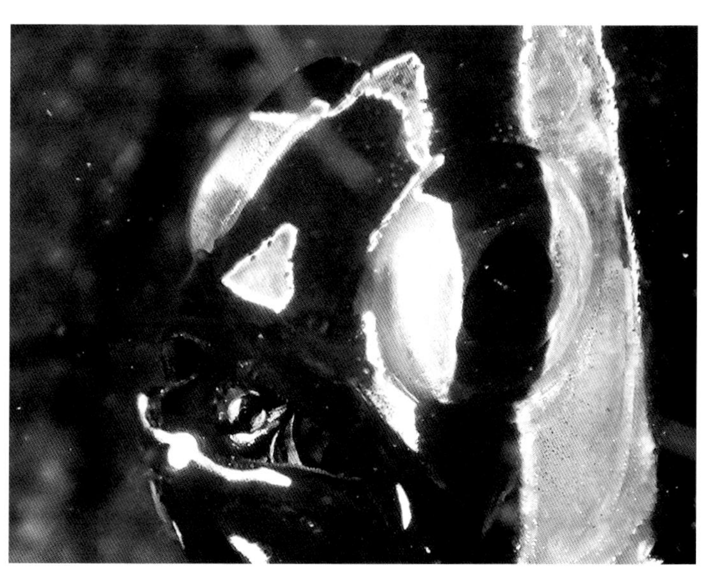

写真 137　口内の仔魚。頭部と眼が見える

写真 138　アカオニガゼに隠れる幼魚

も例外的に大きな卵を産み，雄は一度に 50～70 個の卵を保育します。注目すべきは，仔魚がふ化した後も口内で保育を続けることです。このような種は海産の硬骨魚類では他に知られていません。**写真 137** は口内にいる仔魚を撮ったもので，黒白の頭部と眼がはっきりと見えています。卵がふ化するまでの 20 日と仔魚を保育している 10 日ほどは，雄は何も食べないようです。**写真 138** はアカオニガゼ（大型のウニ）の棘の間にいる幼魚です。体長は 10 mm 程度でしたので，口内から出てあまり時間はたっていないと思われます。

この種に「バンカイ」の名がついているのは，インドネシアのスラウェシ島の東に位置するバンカイ諸島周辺の固有種だったためです。しかし，現在はレンベ海峡やバリ島北部でもふつうに見ることができます。これは人為的な放流によるものと言われています。レンベ海峡では，水深 1～10 m のサンゴ礁や砂地で大きな群れをつくっていました。人為的な放流は決して許されることではありませんが，本種が新しい環境に定着できたのは，仔魚の口内保育という習性と無関係ではないでしょう。

口内保育は捕食圧を抑えるための優れた戦略に違いありません。しかし，それを逆手にとるナマズがいることが，佐藤哲さん（南伊豆海洋生態ラボラトリー，当時）によって発見されました。場所はアフリカ大地溝帯の湖，タンガニイカ湖。この淡水湖には170種ものシクリッドが生息しており，そのうち40％が口内保育する種です。このナマズ（*Synodontis multipunctatus*）は口内保育するシクリッドに托卵（たくらん）するため「カッコウナマズ」と呼ばれています。

佐藤さんが口内保育を行っているシクリッドの雌親を調べたところ，6種512個体のうち32個体（6.3％）が托卵されており，宿主の口内から1～8匹，平均2.9匹のナマズの子が見つかりました。このナマズは，宿主が産卵しているとき，すぐ近くに自分の卵を産み，これが宿主の口内に取り込まれます。ナマズの卵は宿主の卵よりも早くふ化し，ナマズの子は自分の卵黄を吸収し終えた頃に，タイミングよくふ化した宿主の仔魚を捕食して成長していきます。宿主の卵は硬い卵膜に包まれていて，ナマズの子は咬みつくことはできませんが，ふ化した宿主の仔魚は柔らかく咬みつくことができるのです。ナマズの子の成長につれて宿主の仔魚はしだいに数を減らしていき，最後に宿主の口内には大きく成長したナマズの子だけが残ります。

ホオジロやオオヨシキリなどの小鳥の巣の中で，宿主のヒナよりも先にふ化したカッコウのヒナは，宿主の卵やヒナを巣から落として殺し，宿主の親鳥が運んでくる餌を独占して成長します。カッコウナマズとカッコウの行動の驚くべき類似。生物の世界では面白い発見が後を絶ちません。

34 サメ，その多様な繁殖様式

サメの料理と言えば，乾燥したフカヒレからつくるスープが有名です。サメやエイなどの軟骨魚は，浸透圧調節のためにアンモニアから尿素を合成して体液中に蓄積しているので，煮たり焼いたりすると尿素が分解して強烈なアンモニア臭がするからです(硬骨魚はアンモニアをそのまま体外に排出しています)。また，軟骨魚の骨にはリン酸カルシウムが含まれておらず，文字どおり軟らかです。このように軟骨魚は硬骨魚と多くの点で異なっていますが，皆さんは軟骨魚が体内受精を行うことや胎盤をもつことをご存じでしょうか。

まず，ダイビングで見ることができる代表的なサメやエイを紹介しましょう。

写真139 はネムリブカ。体長1.6 mと小型のサメで，レッドリストではNT (準絶滅危惧) に分類されています。海底でじっとしていることが多いので，この名がつきました。多くのサメは泳がなければ呼吸できないのに対して，ネムリブカは呼吸のために泳ぐ必要がありません。パラオのブルーコーナーでは，何匹ものネムリブカが泳いでいるのを見ることができます。

写真140 はツマグロ。レッドリストではVU (危急) に分類されています。体長1～1.5 mの小型のサメで浅瀬に生息しています。特に幼魚は浅い砂地の環境を好むようで，モルジブではハウスリーフの中でしばしば見かけました。ひれの先端が黒いことが，名前の由来です。

写真141 はジンベエザメ。体長10～12 mと魚類のなかで最大

です。モルジブで見たこの個体は体長5 mほどでした。英名はホエールシャーク。クジラのように，海水と一緒に吸い込んだプランクトンを濾しとって食べるので，サメ特有の鋭い歯はありません。体の模様が夏着の「甚平」の柄に似ていることが名前の由来ですが，巨大で美しい姿はダイバーに大人気です。最近，この模

写真 139　ネムリブカ

写真 140　ツマグロ（幼魚）

写真 141　ジンベエザメ

様を手掛かりにして個体識別が行われるようになり，回遊ルートなど，その生態も少しずつ明らかになってきています。レッドリストではEN（危機）に分類されています。

写真 142 はマモンツキテンジクザメ。ラジャ・アンパットのナイトダイビングで出会いました。ニューギニアの個体群はレッドリストでNT（準絶滅危惧）に分類されています。体長0.7〜0.9 mの細長いサメで，「歩くサメ」として有名になりました。幅広い胸びれと腹びれを使って，体をくねらせて歩きます。この行動は複雑なサンゴ礁の地形に適応したものです。

写真 143 はオオセ。こちらもラジャ・アンパットのナイトダイビングで出会いました。体長1 mほど。体が扁平でエイのように見えますが，鰓孔が体の側面についているのでサメの仲間です。頭部の前面に幅広い口があり，口の周辺には数多くの皮弁がついています。褐色でまだら模様の体色は周囲の環境に紛れるのに適しており，小魚などを待ち伏せして捕食します。

写真 144 はナンヨウマンタ。1種だと考えられていたマンタは，

写真142　マモンツキテンジクザメ

外洋に生息するオニイトマキエイと沿岸部に生息するナンヨウマンタの2種いることが明らかになりました。エイの仲間は鰓孔が腹側にあることでサメと区別できます。マンタは遊泳生活に適応した体形をしており，大きな胸びれではばたくように泳ぎます。コモドで出会ったこの個体は，体の模様からナンヨウマンタと判断しました。プランクトン食で，頭部先端にある胸びれが変化したへら状のひれを使って捕食します。レッドリストではVU（危急）に分類されています。

さて，サメの繁殖様式の話です。サメの雄は腹びれの後方に「クリッパー」と呼ばれる交接器（**写真139**の矢印）をもち，これを雌の総排泄口に挿入して受精させます。クリッパーは2本ありますが，交尾のときにはどちらか一方が使われます。体内受精を行うことで，サメやエイの仲間は多様な繁殖が可能になりました。大別すると，母ザメが受精卵を産む「卵生」と，体内で育った子ザメを出産する「胎生」ですが，胎生は母ザメと子ザメの関係に注目して，さらにいくつかのタイプに分けられています。

写真 143　オオセ

サメのなかで3割ほどが卵生の種です。どの種も丈夫な卵殻に包まれた大型の卵を産むのは，卵のふ化までの期間が半年～1年と他の魚類に比べて長いためです。卵殻は種によって特徴的な形をしており，ヒトの髪の毛や爪の成分と同じケラチンでできています。マモンツキテンジクザメ（**写真 142**）がこのタイプで，産卵から4か月ほどでふ化した子ザメの体長は14～16 cmもあります。

「卵黄依存型胎生」は，母体から栄養を受け取らず，卵内の卵黄だけで発育するもので，「卵胎生」とも呼ばれています。ジンベエザメ（**写真 141**）がこのタイプです。台湾で捕獲された個体の子宮から307尾の子ザメが出てきたことがあり，卵黄依存型胎生と考えられています。子宮の中には生まれる直前の子ザメもいて，体長は60 cmもありました。オオセ（**写真 143**）も同じタイプで，子ザメは20 cmほどに成長して生まれます。

「母体依存型胎生」は，卵黄の栄養だけでなく母体から栄養の供給を受けるタイプです。このうち「卵食・共食い型」は，子宮内の子ザメに母ザメが無精卵を供給するもので，子ザメはそれを食べて成長します。「ジョーズ」の映画で有名になったホホジロザメなどに見られます。「子宮ミルク型」では，子宮にミルクのような栄養物質が分泌され，子ザメはこれを吸収して短期間で大きく成長します。ナンヨウマンタ（**写真 144**）がこのタイプで，沖縄美ら海水族館では，妊娠 1 年後に体長 1.8 m，体重 70 kg の個体が生まれた記録があります。「胎盤型」では，卵黄を包んでいた卵黄嚢（のう）が変形して胎盤やへその緒ができ，母体とつながって栄養を得るようになります。この胎盤は有袋類のものと同じ卵黄嚢胎盤です（「7 有袋類の華麗なる適応放散」参照）。ネムリブカ（**写真 139**）やツマグロ（**写真 140**）などメジロザメ目のサメがこのタイプです。

これらの繁殖様式は，卵生から卵黄依存型胎生へ，卵黄依存型胎生から卵食・共食い型，子宮ミルク型，胎盤型の母体依存型胎生が独立に進化してきたと考えられます。サメは体内受精を行い，胎盤をもつ種も現れました。胎盤によって胚に栄養を供給し，大きく成長した子を出産して子の生存率を高める戦略は，哺乳類だけが進化させたものではなかったのです。サメが地球上に現れたのは今から 4 億年以上も前のことでした。サメが胎盤を獲得した時期は哺乳類よりもずっと早かったのかもしれません。

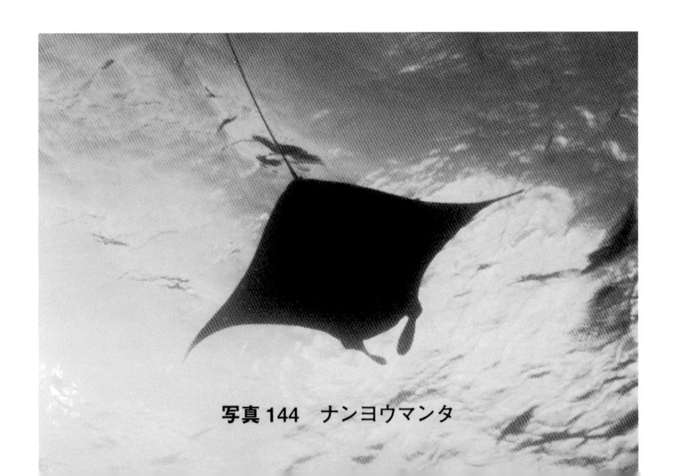
写真 144　ナンヨウマンタ

コラム ⑦　カンガルー島でアシカと泳ぐ

アデレードの南西 100 km に位置する面積 4430 km^2 のカンガルー島は，オーストラリアで 3 番目に大きな島である。アデレードから小型機でわずか 40 分。島内にはオーストラリアを凝縮したような自然が息づいている。海岸の砂丘，草原，ユーカリの林には多くの野生動物が生息し，カンガルーやハリモグラ，固有種のオウムや小さなペンギンなどのほか，1920 年代にオーストラリア大陸から持ち込まれたというコアラの個体数も多い。

島の南に位置するシールベイの砂浜では，固有種であるオーストラリアアシカが出迎えてくれた。個体数は世界でわずか 9000～12000 頭。レッドリストでは EN（危機）に分類されている。オーストラリア南西部の沿岸が分布域で，そのうち約 600 頭がこの砂浜に棲んでいる。レンジャー監視のもとで安心して日光浴をしているアシカたちを，数メートルの距離から観察した。

しかし，本当のお目当てはこれからである。島の北西部の海岸にもこのアシカが生息しており，一緒に泳ぐことができるのだ。水温は 18℃。厚さ 7 mm のウエットスーツに身を包んで海に入ると，すぐに数頭が近寄ってきた。ダイバーの周りを軽やかに泳いだり，顔を近づけてきたり，鼻から空気を吐き出したり。その行動は見飽きることがない。アシカとのダイビングでは，海水の冷たさも忘れてしまうほどの至福の時間が過ぎていった。

オーストラリアアシカと泳ぐ

終章

アフリカの森で種の絶滅を考える

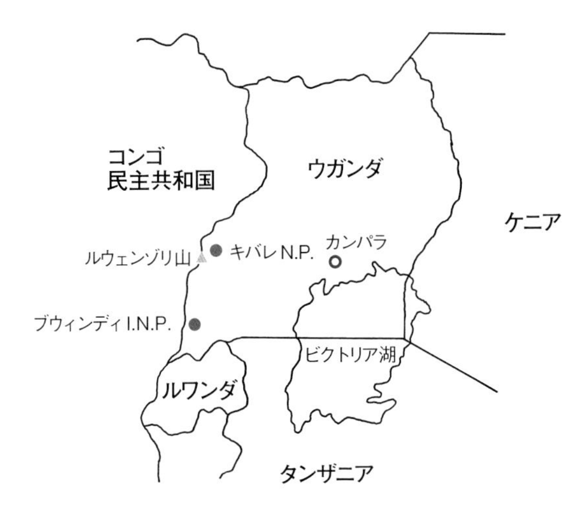

N. P.：national park, I. N. P.：impenetrable national park.

35 チンパンジーとゴリラ

「大量絶滅」とは，ある時期に多くの種類の生物が同時に絶滅する現象です。5 億 4000 万年前の「カンブリア紀の大爆発」以降では少なくとも 5 回の大量絶滅が起きていました。そのなかで最も新しいものは，今から 6500 万年前の白亜紀末における，巨大隕石の衝突が原因でした。このとき地球の支配者であった恐竜が絶滅したことは，皆さんもよくご存じでしょう。ところが，現在起きている生物の絶滅は，このときの大量絶滅を上回る速度で進行しています。原因は，急激に個体数を増加させ，科学技術により環境を改変してきた我々ヒトによるものです。

ヒトが東アフリカから世界中に拡散し始めた 20 万年前には，生物の絶滅速度は 100 万種当たり 1 年に 0.1 種でした。それが今から 100 年前には 1 種となり，現在では 100 種になりました。絶滅の速度は 1000 倍。種の総数を 180 万種（命名されている種のみ）とすると，ほぼ 2 日に 1 種が絶滅していることになります。

20 世紀中頃までの種の絶滅は主に「乱獲」によるものでした。例えば，バリ島のカンムリシロムクは，美しい羽のために密猟が後を絶たず，絶滅寸前にまで追い込まれました。イエローストーン国立公園のハイイロオオカミやタスマニア島のフクロオオカミは，家畜の害獣として駆除の対象となり，絶滅してしまいました。一方，現在進行している種の絶滅は，大規模な森林伐採，河川や海岸の護岸工事，家畜の過放牧，人為的な外来種の移入，地球温暖化による気候の変化など原因はさまざまですが，総じて言えば生態系そのものの破壊，つまり地球環境の破壊によるものです。

そして，その背景には，貧困や内戦などによる社会問題や爆発的な人口増加があります。

世界の人口は2011年に70億人を超えました。ヒト以外で食物連鎖の頂点に立つ陸生の哺乳類は，地球上に約170万個体が存在するとされます。すなわち，ヒトは生態系において同じ地位を占める哺乳類の4000倍以上存在する計算になります。陸上生態系の83%はヒトの直接的な影響下にあり，作物として育てられている植物は陸上バイオマス（生物量）の3分の1以上を占めています。陸上バイオマスで見れば0.00018%を占めるにすぎないヒトが，陸地で生産される有機物の20%を利用しているのです（以上，数字で考える「70億人の意味」，WIRED. jp）。

ヒトに最も近い霊長類はチンパンジーとゴリラです。チンパンジーはおよそ600万前に，ゴリラはおよそ800万年前にそれぞれ

写真145　チンパンジー

ヒトと分岐しました。そして今，彼らは絶滅の危機にあるのです。彼らに会うために，東アフリカの内陸に位置する国，ウガンダを訪れました。

チンパンジーの推定個体数は17〜30万頭で，レッドリストではEN（危機）に分類されています。私たちが訪れたキバレ国立公園では，1200頭が四つの集団に分かれて暮らしており，このうちの50〜60頭からなる1集団が観光客に開放されていました（**写真145**）。今回の旅では面白い行動を目撃することができました。2

写真146　対角毛づくろい

写真 147　マウンテンゴリラ。シルバーバック

個体が向き合い，同じ側（右手なら同じ右手）の手を真上に持ち上げ，もう一方の手で互いに毛づくろいをしていたのです（**写真 146**）。この行動は，「対角毛づくろい」と呼ばれ，決まった地域だけに見られるものです。シロアリ釣りや石を使った堅果割りの行動にも地域性が見られ，それがその集団内で子孫に伝えられていくのです。これはまさに「文化」と呼ぶべきものでしょう。ヒト以外の道具使用が初めて発見されたのもチンパンジーです。また，集団で狩りを行い小型のサルや哺乳類を捕食することや，雄が他のチンパンジー集団の赤ん坊を襲って殺してしまうことなどが，野外観察から明らかになりました。ヒトに最も近縁であるチンパンジーを知ることは，私たちヒトの本質を知るうえで重要な手がかりを与えてくれるものなのです。

ゴリラはヒガシゴリラとニシゴリラの２種に分けられており，

写真 148　蔓を食べるマウンテンゴリラの子

レッドリストではともにEN（危機）に分類されています。さらにヒガシゴリラは山地に生息するマウンテンゴリラと低地に生息するヒガシローランドゴリラの2亜種に分けられます。私たちが訪れたブウィンディ原生国立公園は，世界でわずか800頭しかいないマウンテンゴリラのうち400頭が暮らしており，ウガンダで最初の世界遺産（1994年）として登録されました。

マウンテンゴリラのツアーに参加できるのは1日104人，パーミット（許可証）はなんと600ドルです。ゴリラにストレスを与えないために1グループ8人まで，観察時間は1時間という決まりがあります。それでも世界中から多くの観光客が訪れています。ゴリラの集団は，シルバーバックと呼ばれる成熟した雄1頭（**写真147**）と複数の成熟雌，および彼らの子どもたちから構成されています。集団のメンバーたちは，ツアー客を気にする様子もなく，ゆっくりと移動し，腰をおろして植物の茎や葉を食べていました（**写真148**）。穏やかな時間がゴリラと私たちの間に流れていました。

現在ゴリラの個体数はどのくらいなのでしょうか。ヒガシローランドゴリラは過去20年間で77％も減少し3600頭になってしまいました。ルワンダの内戦の影響が大きいと言われています。エボラ出血熱の大流行や，ヒトからの病気の感染も減少の原因とされています。最近では，都市で生活する人々の間で「ブッシュミート」と呼ばれる野生動物の肉が人気となり，現金収入を求めて密猟が横行しています。ニシゴリラの推定個体数は36万頭。しかし，保護区で暮らすのは全体の20％にすぎず，多くは密猟の危険にさらされています。その一方で，「マウンテンゴリラの個体数が880頭に増加した」という嬉しいニュースもありました。京都大学の山際寿一さんは，「（ゴリラでは）繁殖齢まで育つ子の数は1頭の雌当たり2頭前後。条件のよいところでもかろうじて現在の個体数を維持できているにすぎない。」と述べています。緊急に保護しなければ，私たちは大切な隣人を永久に失ってしまうのです。

ウガンダの旅で出会ったチンパンジーとゴリラは，レンジャーの監視と地元の人々の協力によって手厚く保護されていました。コスタリカやガラパゴス諸島で見たエコツーリズムと同様に，世界中から多くの観光客が集まり，その収入の一部は地元の発展に使われていました。「地球上でともに進化の道を歩んできた種が絶滅する」という事態に対して私たちができることは，まずその実態を知ることです。そのうえで，日常の生活のあり方と関係づけて考えることです。何ができるのかを一人ひとりが考え，行動することが大切だとの思いを強くしました。

参考文献

第 1 章　ウォーレシア

『インドネシア国　カンムリシロムク保護事業』2012, JICA,「草の根技術協力事業　事後報告書」: 54－83.

『サル学の現在』1991, 立花隆,「分子から見た霊長類進化 第 1 章 フィールドに出た生化学者 竹中修」, 平凡社.

『種の起源を求めて－ウォーレスの「マレー諸島」探検』1997, 新妻昭夫, 朝日新聞社.

『生物多様性の謎に迫る－「種分化」から探る新しい種の誕生のしくみ』2018, 寺井洋平, 化学同人.

"Parthenogenesis in Komodo dragons" P. C. Watts et al., 2006, Nature 444 : 1021－1022.

『フィールドの生物学 ①　熱帯アジア動物記－フィールド野生動物学入門』2009, 松林尚志, 東海大学出版会.

『ボルネオ島－アニマル・ウオッチングガイド』2002, 安間繁樹, 文一総合出版.

『マレー諸島 (上)・(下)』, 1993, A. R. ウォーレス (著), 新妻昭夫 (訳), ちくま学芸文庫.

第 2 章　オーストラリア

『社会性昆虫としてのシロアリ－その繁殖戦略とカースト分化』2001, 松本忠夫, 三浦徹, 化学と生物 39 (7) : 482－489.

『シロアリ－女王様, その手がありましたか！』2013, 松浦健二, 岩波科学ライブラリー.

『新図説 動物の起源と進化－書きかえられた系統樹』2011, 長谷川政美, 八坂書房.

『性の進化史－いまヒトの染色体で何が起きているのか』2018, 松田洋一. 新潮選書.

"Sex ratio biases in termites provide evidence for kin selection" 2013, K. Matsuura et al., Nature Communications.

『絶滅危機のタスマニアデビル,「死の病」克服の兆し』2015, ナショナルジオグラフィク News.

『動物生理学－環境への適応 (原書第 5 版)』2007, K. シュミット=ニールセン (著), 沼田英治・中嶋康弘 (監訳), 東京大学出版会.

『動物大百科　第 6 巻　有袋類ほか』1986, D. W. マクドナルド (編),「カモノハシ」T. R. グラント (著),「ハリモグラ」M. L. オージー (著), 今泉吉典 (監修). 平凡社.

『熱帯雨林を歩く－世界 13 カ国 31 の熱帯雨林ウォーキングガイド』2010, 上島善之, 旅行人.

"Field Guide to Australian Mammals" 2016, L. Hall, R. Chamberlin (著), L. Curtis (著・編), S. Parish (著・写真) Pascal Press.

『哺乳類の生物地理学』2017, 増田隆一, 東京大学出版会.

『有袋類学』2018, 遠藤秀紀, 東京大学出版会.

第 3 章　ガラパゴス諸島

"An overlooked pink species of land iguana in Galapagos" 2009, G. Gentile et.al., PNAS 106 : 507－511.

『ガラパゴス諸島－世界遺産 エコツーリズム エルニーニョ』2002, 伊藤秀三, 角川選書.

『ガラパゴス大百科』1999, 水口博也, TBS ブリタニカ.

『ガラパゴスのふしぎ』2010, NPO 法人日本ガラパゴスの会 (著), 平川貴子 (編), サイエンス・アイ新書.

『ガラパゴス博物学－孤島に生まれた進化の楽園』2001, 藤原幸一, データハウス.

『飛べない鳥の謎－鳥の生態と進化をめぐる 15 章』1996, 樋口広芳,「飛べない鳥の謎」平凡社自然叢書 33, 111－125. 平凡社.

『ペンギンはなぜ飛ばないのか？－海を選んだ鳥たちの姿』2013, 綿貫豊, もっと知りたい！海の生きものシリーズ 6, 恒星社厚生閣.

第4章　コスタリカ

『美しいハチドリ図鑑－実寸大で見る338種類』2015, M. フォグデン・M. テイラー・S. ウィリアムスン（著），小宮輝之（監修），グラフィック社.
"Geographical variation in bill size across bird species provides evidence fro Allen's rule" 2010, M. R. E. Symonds, G. J. Tattersall, American Naturalist 176 : 188－197.
『地上最強のアゴ』2018, G. M. エリクソン，日経サイエンス 2018年6月号.
『動物が見ている世界と進化』2018, S. パーカー（著），蟻川謙太郎（監修），的場知之（訳），エクスナージ.
『動物生理学－環境への適応（原書第5版）』2007, K. シュミット=ニールセン（著），沼田英治・中嶋康弘（監訳），東京大学出版会.
『ドーキンスの生命史 祖先の物語（上）』「ホエザルの物語（ヤン・ウォンとの共著）」2006, リチャード・ドーキンス（著），垂水雄二（訳），小学館.
"Heat Exchange from the Toucan Bill Reveals a Controllable Vascular Thermal Radiator" 2009, G. J. Tattersall et al., Science 325 : 468－470.
『ハキリアリー農業を営む奇跡の生物』2012, B. ヘルドブラー・E. O. ウィルソン（著），梶山あゆみ（訳），飛鳥新社.
『モルフォチョウの碧い輝き－光と色の不思議に迫る』2005, 木下修一，化学同人.
『両生類の進化』1996, 松井正文，東京大学出版会.
『両生類・爬虫類のふしぎ』2008, 星野一三雄，サイエンス・アイ新書.

第5章　北アメリカ

『アメリカ開拓の犠牲者－バイソン』1992, 丸山直樹，「動物たちの地球 哺乳類8 バイソン・カモシカ・ヌーほか」9巻56号，228－230. 朝日新聞社.
『オオカミが変えたイエローストーン国立公園』2004, J. ロビンス，日経サイエンス，2004年9月号.
『絶滅の生態学』1976, 宮下和喜，思索社.
『地球の歩き方－アメリカの国立公園（改訂第9版）』2005,「大火災から17年後のイエローストーン」,「地球の歩き方」編集室（編），ダイヤモンド・ビッグ社.

第6章　海の生きものたち

『サメ・エイ類に見られる繁殖様式の多様性』2014, 佐藤圭一，比較内分泌学 40（152）: 79－82.
『ジュゴン－海の暮らし，人とのかかわり』2012, 池田和子，平凡社新書.
『ジュゴンの上手なつかまえ方－海の歌姫を追いかけて』2014, 市川光太郎，岩波科学ライブラリー.
『タンガニイカ湖の魚たち－多様性の謎を探る』1993, 川那部浩哉（監修），堀道雄（編），「第9章　口の中は本当に安全か？　托卵するナマズ」佐藤哲，平凡社.
『動物の道具使用と人類分化発生の条件』1995, 杉山幸丸. 霊長類研究 11 : 215－223.
『飛べない鳥の謎－鳥の生態と進化をめぐる15章』1996, 樋口広芳.「ササゴイの投げ餌漁の起源と発達」平凡社自然叢書33. 204－218. 平凡社.
『テトロドトキシンの生物学的意義とフグ毒中毒』2018, 糸井史朗，モダンメディア　64（7）: 241－249.
『フィッシュウオッチング500』2003, 山本真紀，石丸智仁（編），水中造形センター.
『メジロダコの不思議な生態：道具を使う』2009, ナショナルジオグラフィック News.
『もっと知りたい魚の世界－水中カメラマンのフィールドノート』1994. 大方洋二，海游舎.
『幼魚ガイドブック』2002, 瀬能宏，吉野雄輔. 阪急コミュニケーションズ.

終章　アフリカの森で種の絶滅を考える

『新しい霊長類学－人を深く知るための100問100答』2016, 京都大学霊長類研究所（編著），ブルーバックス　講談社.
『霊長類－消えゆく森の番人』2017, 井田徹治，岩波新書.
『ゴリラ（第2版）』2015, 山際寿一，東京大学出版会.

おわりに

新型コロナウイルスの感染拡大が始まった3月9日にコスタリカから帰国しました。出発時にあれほど混雑していた成田空港は閑散としており，帰国便の乗客も1割程度だったでしょうか。スムーズに入国することができましたが，今から思うと少々無謀な旅だったかもしれません。

それからの新型コロナウイルスの蔓延は止まるところがありませんでした。3月の終わりから感染者数が急増し，4月7日に緊急事態宣言が出されました。私が教えている河合塾予備校も新学期から全て映像授業に切り替わりました。テキストや模試の作成は全てWEB会議になりました。従来の対面授業が始まったのは，緊急事態宣言が解除された後の6月4日からでした。多くの学校において自宅学習のありようはそれぞれ違っていましたが，学習進度の遅れは4～6週にもなるようです。現在，街にはしだいに活気が戻ってきており，国内の移動制限も解除されましたが，第2波が心配されます。

一方，世界はパンデミックの真っただ中にあります。特に旅行で訪れた中南米の国々では今も感染者数の増加が続いています。国際便の運航はほとんど停止しており，再開の見通しすら立っていません。本書では日本人研究者による海外調査の成果をいくつか紹介しましたが，海外での調査は研究の中断を余儀なくされたはずです。また，旅行を手配して下さった旅行社の人たちの生活，現地のガイドの人たちの生活や健康を考えずにはいられませんでした。「お気楽で安心」がモットーの私の旅が，多くの人たちに支えられていたことを改めて感じました。

しかし，この新型コロナウイルスの流行が過ぎた後には，私は「野生生物を巡る旅」を続けようと思っています。動物の生息地を訪れて，同じ空気の中で光や風や匂いなどを感じながら，そこに棲む動物を見てみたいからです。再び旅に出られる日が来ることを心待ちにしています。

海游舎の本間陽子さんには，前書に引き続いて，今回も本書の出版を快諾していただきました。本書を読みやすく見やすいものにしていただいたことにも，合わせてお礼申し上げます。最後に，本書を手に取って私と一緒に「旅」をしてくれた読者の皆さん，本当にありがとうございました。

2020 年 6 月 25 日

汐津美文

事項索引

生物名索引

■ 著者紹介

汐津 美文（しおつ よしふみ） 理学博士

1951年 香川県に生まれる

1982年 九州大学大学院理学研究科博士課程修了
大学院在学中は昆虫の個体群生態学，行動生態学を研究

現 在 河合文化教育研究所研究員，学校法人河合塾生物科講師。
高校教科書分析，テキストや模試問題の作成，映像授業などに関わる。
趣味は秘境旅行，スキューバーダイビング。
野生動物に出会う旅にハマっている。

著 書 『予備校講師の野生生物を巡る旅』（海游舎）

予備校講師の **野生生物を巡る旅 II**

2020年10月10日 初 版 発 行

著 者 汐津美文

発行者 本間喜一郎

発行所 株式会社 海游舎
〒151-0061 東京都渋谷区初台1-23-6-110
電話 03（3375）8567 FAX 03（3375）0922
http://kaiyusha.wordpress.com/

印刷・製本 凸版印刷（株）

ISBN978-4-905930-09-9 PRINTED IN JAPAN